应用型人才培养系列教材

C 语言程序设计

主 编 陈 利 宁 滔

副主编 王晓莹 张 钰 朱 广

樊庭平 李文月 蔡迅华

西安电子科技大学出版社

内 容 简 介

本书分基础篇、进阶篇和综合篇,共 13 章,在难度上由浅入深,适合高中升本、中职升本、专升本、专科等各种层次的学生。本书在每个实验项目之前对关键知识点都进行了详细的讲解,以方便读者在做实验时学习和查阅。

本书内容全面、例题丰富、概念清晰、循序渐进,既适合初学者(基础篇),又适合有一定编程基础的读者(进阶篇、综合篇)。

图书在版编目(CIP)数据

C 语言程序设计/陈利,宁滔主编. —西安:西安电子科技大学出版社,2018.8(2019.6 重印)
ISBN 978-7-5606-4996-2

Ⅰ. ① C… Ⅱ. ① 陈… ② 宁… Ⅲ. ① C 语言—程序设计 Ⅳ. ① TP312.8

中国版本图书馆 CIP 数据核字(2018)第 166247 号

策划编辑 陈婷
责任编辑 王艳 陈婷
出版发行 西安电子科技大学出版社(西安市太白南路 2 号)
电 话 (029)88242885 88201467   邮 编 710071
网 址 www.xduph.com   电子邮箱 xdupfxb001@163.com
经 销 新华书店
印刷单位 陕西天意印务有限责任公司
版 次 2018 年 8 月第 1 版   2019 年 6 月第 2 次印刷
开 本 787 毫米×1092 毫米 1/16 印 张 14.5
字 数 341 千字
印 数 501~3500 册
定 价 35.00 元

ISBN 978-7-5606-4996-2 / TP

XDUP 5298001-2

如有印装问题可调换

前　言

自 20 世纪 90 年代以来，C 语言迅速在全世界普及，无论在中国还是在世界其他各国，"C 语言程序设计"始终是高等学校理工类学生的一门基础的计算机课程。之所以要学习 C 语言是因为 C 语言是计算机技术的基础，是信息技术的基础，是自动化技术的基础，也是电子设备能够运行的基础。

1. C 语言实践的重要性

C 语言是一种功能强大、编程灵活、特色鲜明的程序设计语言，要掌握并运用这门语言进行程序设计，不仅要学习它的基本概念、语法规则以及基本编程算法，更重要的是要进行实践，能够利用所学知识编写程序，解决实际问题。这就要求必须加强这门课程的实验环节，通过大量的不同层次的训练，使读者积累编程经验，提高程序设计能力。

2. 多层次学习，循序渐进

本书分上、中、下三篇。上篇(基础篇)针对初学者，从 C 语言的基础开始，使学生在较短时间内初步学会用 C 语言编写程序；中篇(进阶篇)在原有基础上介绍 C 语言的复杂运用、高级编程技巧等；下篇(综合篇)从 C 语言综合实训的角度出发，使读者了解使用 C 语言进行系统设计、游戏开发、图形绘制的相关内容。

本书在使用过程中也可以按层次使用：基础篇适合专科、中职升本、高中升本和专升本学生使用；进阶篇适合高中升本、专升本学生以及想进一步深入学习 C 语言程序设计的专科、中职升本学生使用；综合篇适合以上所有学有余力的学生进一步提升 C 语言编程能力使用。

3. 多操作系统使用

本书选用 Code::Blocks 作为开发工具，读者不仅可在 Windows 环境下使用本书学习 C 语言，也可在 Linux 环境下使用本书学习 C 语言。

本书由陈利、宁滔担任主编，王晓莹、张钰、朱广、樊庭平、李文月、蔡迅华担任副主编。陈利负责总体内容策划及编写第 6 章、第 10 章以及第 13 章的前 4 小节；宁滔、朱广负责编写第 5 章和第 9 章；王晓莹、樊庭平负责编写第 1~3 章、第 7 章、第 13.5 节以及第 13.6.1、13.6.2 和 13.6.3 小节；李文月、蔡迅华负责编写第 4 章、第 8 章、第 12 章及第 13.6.4 和 13.6.5 小节；张钰负责编写第 11 章。

本书在编写过程中参阅了部分国内外 C 语言书籍和相关文献资料，从中吸取了许多好的思想和方法，摘取了一些有用的素材，对此向相关作者表示感谢。此外，桂林电子科技大学海洋信息工程学院的领导在本书编写过程中给予了大力支持，在此表示感谢。

由于本书作者水平有限，书中疏漏和不足之处在所难免，恳请广大读者批评指正。

编　者

2018 年 2 月

目　　录

基　础　篇

进　阶　篇

基础篇

第 1 章　C 语言程序设计实验基础

1.1　C 语言程序设计实验概述

在课堂学习中，我们对 C 语言已经有了一定程度的了解，同时也对 C 语言源程序结构有了总体的认识，接下来就是学习如何在机器上运行 C 语言源程序。

计算机只能识别机器语言，即"0"、"1"(高电平、低电平)，任何高级语言源程序都要转变成机器语言，才能在机器上运行。转变的方式有两种：一种是解释方式，即对源程序解释一句执行一句；另一种是编译方式，即先把源程序整体转变成目标程序(用机器代码组成的程序)，再经过链接装配后生成可执行文件，最后执行可执行文件。

C 语言是一种典型的编译型的程序设计语言，它采用编译方式运行程序。运行一个 C 程序，需要如下 4 个过程：

(1) 输入源程序，编辑源程序文件(.c)；

(2) 编译生成目标文件(.obj)；

(3) 链接生成可执行文件(.exe)；

(4) 执行可执行文件。

通过对本书的学习，应掌握 C 语言编辑器的使用、C 语言源程序编译运行的方法，并掌握上机完成 C 语言程序设计的基本技能，为以后相关课程的学习打好基础。

C 语言存在时间长，使用者多，其编译器和开发工具品种繁多，常用的开发工具如下：

(1) Turbo C 2.0：Borland 公司的产品，在 DOS 界面下编译运行。它小巧、灵活，缺点是不能使用鼠标。Turbo C 2.0 的运行界面如图 1.1 所示。

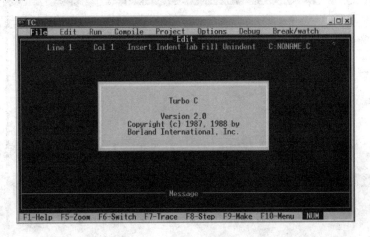

图 1.1　Turbo C 2.0 运行界面

(2) Dev-C++：一个 Windows 环境下的 C/C++ 集成开发环境。它使用 GCC 为编译器，具有单步调试、断点设置等功能；它遵循 C 标准，是一款很强大的软件开发工具，其运行界面如图 1.2 所示。

图 1.2　Dev-C++ 运行界面

(3) Visual Studio：一个相对完整的开发工具集。它包括了整个软件生命周期中所需要的大部分工具，如 UML 工具、代码管控工具、集成开发环境(IDE)等，并且在 Visual Studio 下所编写的目标代码适用于微软支持的所有平台。Visual Studio 的运行界面如图 1.3 所示。

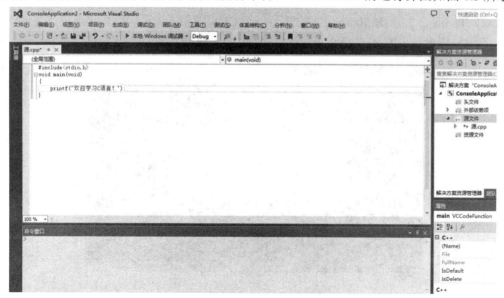

图 1.3　Visual Studio 运行界面

以上介绍的开发工具主要在 DOS 或 Windows 平台下工作，为了日后读者开发的多样性，本书选用开放源码的全功能的跨平台 C/C++ 集成开发环境 Code::Blocks 进行 C 语言程序的开发。

1.2　Code::Blocks

Code::Blocks 是一个开放源码的全功能的 C/C++集成开发环境，且其源码可跨平台使用。Code::Blocks 由纯粹的 C++ 语言开发完成，它使用了著名的图形界面库 wxWidgets。相较于其他流行的集成开发环境(如 Eclipse、VS.NET)，Code::Blocks 的优点是软件全免费、运行速度快。

"工欲善其事，必先利其器"，下文为读者介绍 Code::Blocks 的基本使用方法与常用的快捷方式。

1.2.1 Code::Blocks 编译系统的使用方法

Code::Blocks 编译系统的使用方法如下：

(1) 启动 Code::Blocks 编译系统，单击工具栏上的 New file 图标按钮，选择 File 菜单，如图 1.4 所示。

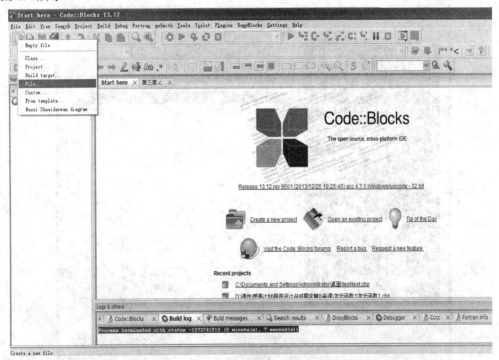

图 1.4　创建新的 C 源文件

(2) 在弹出的"New from template"对话框中，选择"C/C++ source"选项，再单击"Go"按钮，如图 1.5 所示。

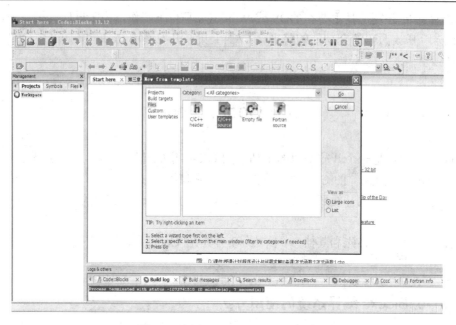

图 1.5　选择"C/C++ source"选项

(3) 在弹出的"C/C++ source"对话框中选择"C"选项，再单击"Next"按钮，如图
1.6 所示。

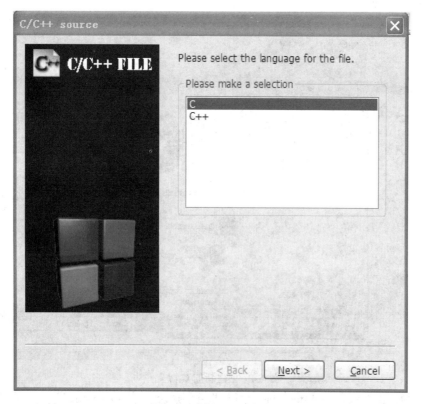

图 1.6　选择"C"选项

(4) 在弹出的对话框中单击"Filename with full path"文本框右边的浏览方框按钮，选

择文件的存储路径，如图 1.7 所示。

图 1.7　选择文件存储路径

(5) 在弹出的"Select filename"对话框中选择文件存储目录(比如 001)，再输入文件名"test1"，单击"保存"按钮，如图 1.8 所示。

图 1.8　选择文件存储路径并输入文件名

(6) 在"C/C++ source"对话框中单击"Finish"按钮，即可完成 C 语言源文件的创建，如图 1.9 所示。

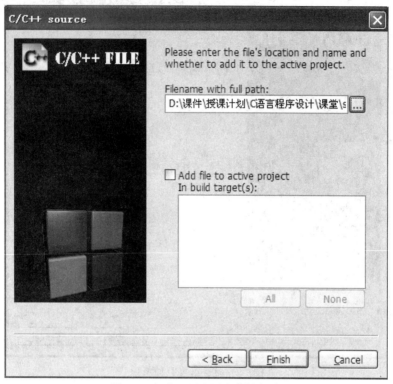

图 1.9　完成 C 语言源文件的创建

(7) "test1.c"源文件创建成功后可在上面编写程序，如图 1.10 所示。

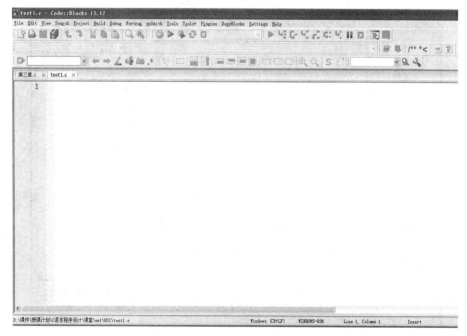

图 1.10　源文件编写界面

(8) 程序编写成功后，单击"Build"按钮构建(编译+链接)程序，如图 1.11 所示。

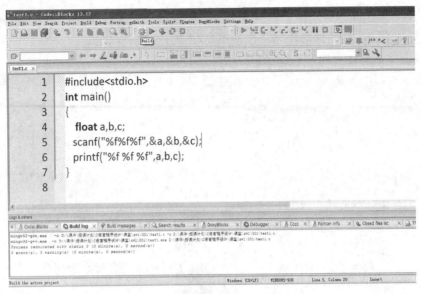

图 1.11　构建程序

(9) 单击图 1.11 工具栏中的"Run"按钮，运行程序，如图 1.12 所示。

图 1.12　程序运行结果界面

1.2.2　Code::Blocks 跟踪调试

在使用 Code::Blocks 进行 C 语言程序设计的过程中，单步调试功能可以跟踪程序的执行流程。在跟踪过程中，可以看到变量的变化情况，通过变量的变化发现程序中存在的问题。单步调试功能除了可以帮助用户发现程序设计中存在的问题，还可以帮助初学者理解 C 语言的运行机制。

下面介绍 Code::Blocks 的调试功能，对于在现阶段尚未接触的内容，读者可在进一步的学习中练习。

1. 创建项目及控制台应用

调试前必须先建立项目,项目路径中不允许含有空格、汉字。

(1) 进入项目创建界面,如图 1.13 所示。

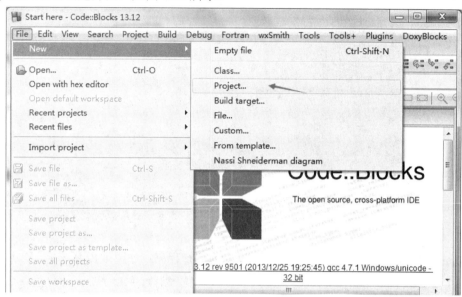

图 1.13　准备建立项目

(2) 通过向导选择控制台应用,进入控制台应用的创建,如图 1.14 所示。

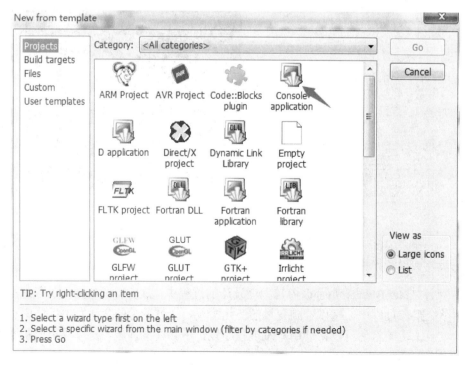

图 1.14　创建控制台应用

(3) 在弹出的选择语言对话框中选择 C 语言，再单击"Next"按钮，如图 1.15 所示。

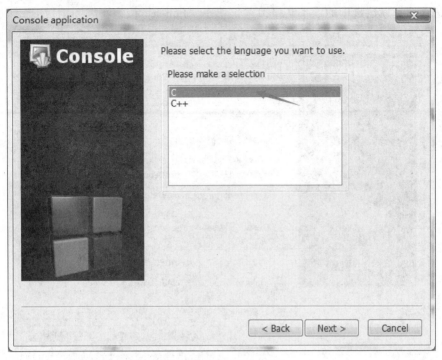

图 1.15　选择使用 C 语言

(4) 在弹出的对话框中输入项目标题和项目存储路径，项目文件名和运行结果文件名将自动生成，再单击"Next"按钮，如图 1.16 所示。

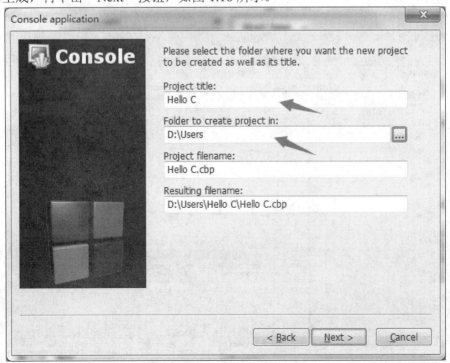

图 1.16　指定项目标题与项目存储路径

(5) 在弹出的对话框中选择"GNU GCC Compiler"编译器。其中"Debug"与"Release"两个复选框都是默认选中的，不必修改，再单击"Finish"按钮，如图 1.17 所示。

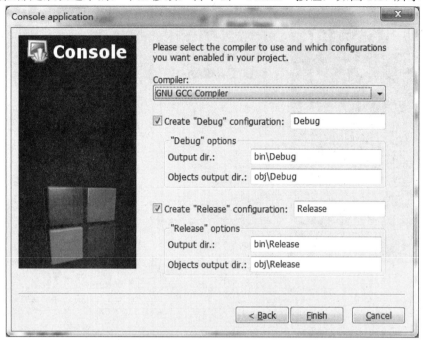

图 1.17　编译器选项对话框

(6) 项目创建完成，如图 1.18 所示。可以在项目中添加、删除源文件，还可以对源文件进行编写、编译、运行及跟踪调试。

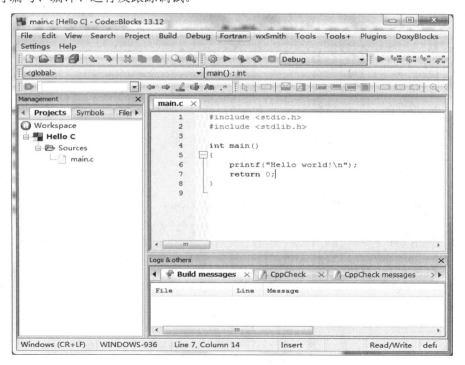

图 1.18　项目创建成功

2. 单步调试常用功能

单步调试是指在程序开发中，为了找到程序的 bug，通常采用的一种调试手段，一步一步跟踪程序执行的流程，根据变量的值，找到错误的原因。

作者在本节简单地介绍了单步调试的常用功能，以便后续课程需要程序调用时使用。

单步调试功能在"Debug"菜单中，如图 1.19 所示，常用功能介绍如下。

Start/Continue：开始/继续调试；

Stop debugger：停止调试；

Run to cursor：运行到光标处；

Next line：下一行；

Step into：进入自定义函数；

Step out：跳出自定义函数。

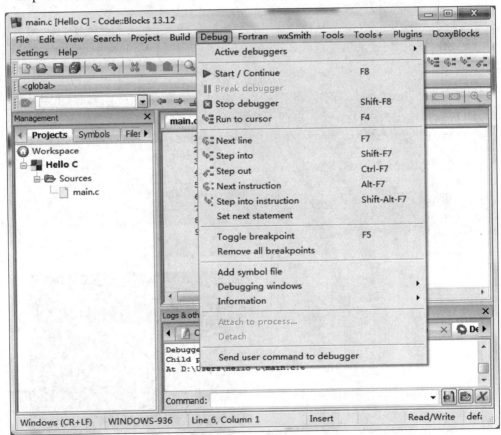

图 1.19　"Debug"菜单

3. Run to cursor 和 Next line 调试

某成绩等级输出程序经过编译，如果没有语法错误，就可以进入调试。

(1) 如图 1.20 所示，光标置于第 9 行，选择"Run to cursor"选项，第 9 行前会出现黄色小三角，表示执行到第 9 行。

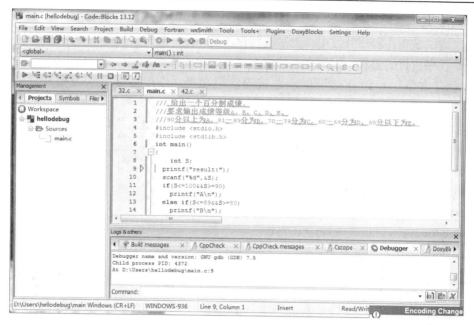

图 1.20　"Run to cursor"界面

（2）再选择"Next line"选项，程序执行到第 10 行，黄色小三角也同时出现在第 10 行前，DOS 窗口输出第 10 行命令，如图 1.21 所示。

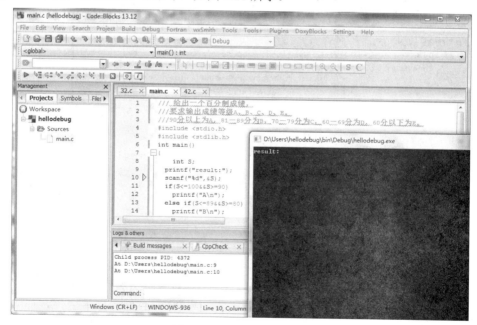

图 1.21　"Next line"界面

（3）执行到此处要求输入成绩，输入后可在 Watches 窗口(Debug→Debugging Windows →Watches)看到变量"S"随着程序执行发生变化，如图 1.22 所示。Watches 窗口所显示的变量变化情况是学习编程的珍贵线索，无论是找错还是学习。

成绩输入后，再选择"Next line"选项，直到达到调试目的。

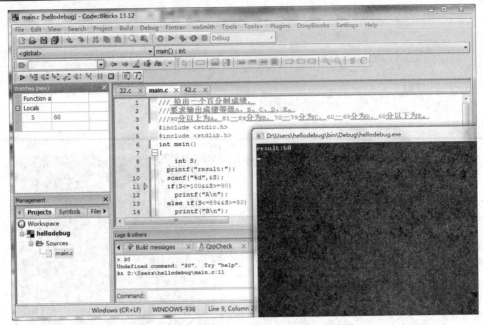

图 1.22　通过 Watches 窗口查看变量的变化

4. 跟踪自定义函数

当程序中包含自定义函数时，选择"Next line"选项将跳过函数调用语句直接跳到下一行，但程序的错误可能发生在自定义函数内部，此时应使用 Step into 功能进入自定义函数进行调试。

将一含有自定义函数的程序单步执行到 12 行，选择"Step into"选项进入自定义函数，如图 1.23、图 1.24 所示。

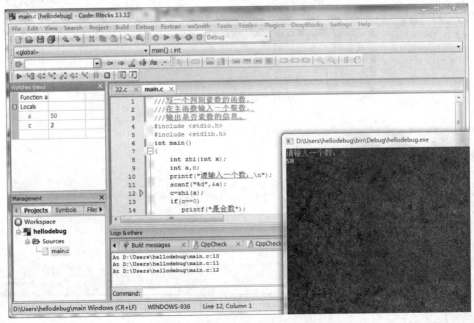

图 1.23　单步执行到自定义函数所在行

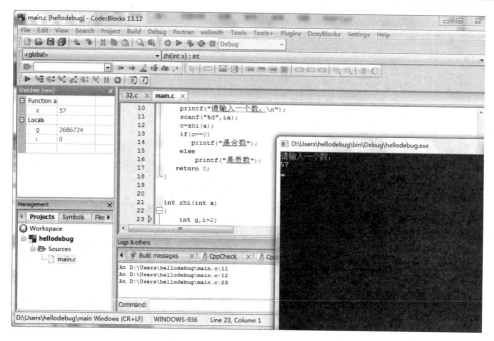

图 1.24　选择"Step into"选项进入自定义函数

在 Watches 窗口可以通过单步执行查看函数中局部变量、形式参数的变化，直到函数结束返回调用函数的下一行，如图 1.25 所示。

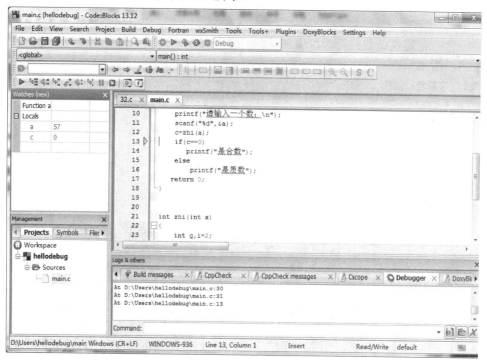

图 1.25　自定义函数跟踪调试后返回

使用 Step into 功能进入自定义函数后，可以使用 Next line 功能单步调试直到自定义函数结束，也可在必要时使用 Step out 功能跳出自定义函数。

　　Code::Blocks 的调试技巧还有很多，如断点调试等，读者进一步学习后可根据个人编程习惯再进行深入探索。

1.2.3　Code::Blocks 常用的操作快捷键

　　在编程过程中，使用快捷键可以提高编程效率，从而节约时间。本书给出部分常用的操作快捷键供读者参考使用。

1. 编辑部分

Ctrl + A：全选；

Ctrl + C：复制；

Ctrl + X：剪切；

Ctrl + V：粘贴；

Ctrl + Z：撤销；

Ctrl + S：保存；

Ctrl + Y/Ctrl + Shift + Z：重做；

Ctrl + Shift + C：注释掉当前行或选中块；

Ctrl + Shift + X：解除注释；

Tab：缩进当前行或选中块；

Shift + Tab：减少缩进；

按住 Ctrl，同时上下滚动鼠标滚轮，放大或缩小字体。

2. 编译与运行部分

Ctrl + F9：编译；

Ctrl + F10：运行上次成功编译后的程序；

Ctrl + Shift + F9：编译当前文件(不是当前工程项目)；

F9：编译并运行当前代码(编译错误会提示错误而不运行)；

F10：全屏；

Ctrl + C：终止正在运行的程序；

Ctrl + Z：终止输入。

3. 调试部分

F5：在当前光标所在行设置断点；

F4：运行到光标所在行；

F8：开始/继续调试；

Shift + F8：停止调试；

F7：下一行代码；

Shift + F7：进入下一行代码。

4. 界面部分

Shift + F2：左侧导航栏。

1.3　数据类型、运算符与表达式

◇【本节要求】

(1) 掌握 C 语言常用的数据类型，熟悉如何定义一个整型、字符型和浮点型变量，以及变量的赋值方法。

(2) 掌握不同类型数据之间赋值的规律。

(3) 学会使用 C 语言的算术运算符，以及包含这些运算符的表达式，特别是自加(++)和自减(--)运算符。

(4) 熟悉 C 语言程序编辑、编译、链接和运行过程。

◇【相关知识点】

1. 常量与变量

在 C 语言中，常量和变量都可以用来存储和表示数据，常量值在程序执行的过程中是不可变的，而变量是可变的。

1) 常量

常量是不可变的量，C 语言中的数值可以用常量表示。常量可以表示各种数据类型的值，一般划分为以下 5 种类型：

(1) 整数常量。整数常量可以是十进制、八进制或十六进制的常量，以前缀指定基数，即 0x 或 0X 表示十六进制，0 表示八进制，不带前缀则默认表示十进制。

整数常量也可以带一个后缀，后缀是 U 和 L 的组合，U 表示无符号整数(unsigned)，L 表示长整数(long)。后缀可以是大写，也可以是小写，U 和 L 的顺序任意。

下面列举几个整数常量的实例：

```
212        // 合法的
215u       // 合法的
0xFeeL     // 合法的
078        // 非法的：8 不是八进制的数字
032UU      // 非法的：不能重复后缀
```

以下是各种类型的整数常量的实例：

```
85         // 十进制
0213       // 八进制
0x4b       // 十六进制
30         // 整数
30u        // 无符号整数
30l        // 长整数
30ul       // 无符号长整数
```

(2) 浮点常量。浮点常量由整数部分、小数点、小数部分和指数部分组成。可以使用小数形式或者指数形式来表示浮点常量。

当使用小数形式表示时，必须包含整数部分、小数部分，或同时包含两者；当使用指数形式表示时，必须包含小数点、指数，或同时包含两者。带符号的指数是用 e 或 E 引入的。

下面列举几个浮点常量的实例：

3.14159	// 合法的
314159E-5L	// 合法的
510E	// 非法的：不完整的指数
210f	// 非法的：没有小数或指数
.e55	// 非法的：缺少整数或分数

(3) 字符常量。字符常量是括在单引号中的，例如，'x'可以存储在 char 类型的简单变量中。

字符常量可以是一个普通的字符(例如 'x')、一个转义序列(例如 '\t')，也可以是一个通用的字符(例如 '\u02C0')。

在 C 语言中，有一些特定的字符，当它们前面有反斜杠时，就具有了特殊的含义，如换行符(\n)或制表符(\t)等。表 1.1 列出了一些转义序列码。

表 1.1　转义序列码表

转义序列	含　义	转义序列	含　义
\\	\ 字符	\n	换行符
\'	' 字符	\r	回车
\"	" 字符	\t	水平制表符
\?	? 字符	\v	垂直制表符
\a	警报铃声	\ooo	1~3 位的八进制数
\b	退格键	\xhh...	一个或多个数字的十六进制数
\f	换页符	\0	空字符

(4) 字符串常量。字符串常量(字符串)是括在双引号 " " 中的。一个字符串包含类似于字符常量的字符、普通的字符、转义序列和通用的字符。

可以使用空格做分隔符，把一个很长的字符串常量进行分行。

下面的实例显示了一些字符串常量，这 3 种形式所显示的字符串是相同的。

```
"hello, dear"
"hello, \
dear"
"hello, " "d" "ear"
```

字符串常量总是以空字符 '\0' 作为串的结束符，因此字符串"dear"实际上是"dear\0"，占用了 5 个字符的空间，只不过这个空字符 '\0' 用户是看不到的。

(5) 定义常量。在 C 语言中，有两种简单的定义常量的方式：

① 使用 #define 预处理器。

② 使用 const 关键字。

下面是使用 #define 预处理器定义常量的形式：

```
#define identifier value
```
使用 const 前缀声明指定类型的常量，如下所示：
```
const type variable = value;
```

2) 变量

变量和常量是相对的，变量是在程序执行过程中可变的量，其实只不过是程序可操作的存储区的名称。C 语言中每个变量都有特定的类型，类型决定了变量存储的大小和布局，在该大小范围内的值都可以存储在内存中。此外，运算符也可应用于变量上。

变量的名称可以由字母、数字和下划线字符组成。变量必须以字母或下划线开头，其中大写字母和小写字母是不同的。

变量是需要定义的，C 语言中的变量定义就是告诉编译器在何处创建变量的存储，以及如何创建变量的存储。变量定义是指定一个数据类型，并包含了该类型的一个或多个变量的列表，如下所示：
```
type variable_list;
```

在这里，type 必须是一个有效的 C 语言的数据类型，可以是 char、int、float、double、bool 或任何用户自定义的对象；variable_list 可以由一个或多个标识符名称组成，多个标识符之间用逗号分隔(关于变量数据类型在后续章节中有具体介绍)。

2. 常用数据类型

C 语言基本的数据类型有字符型(char)、整型(short、int、long)、浮点型(float、double)，如表 1.2 所示。

表 1.2 C 语言的基本数据类型及大小

类型	字节数	类型	字节数
char	1	short	2
int	根据系统而定，2 或 4	long	4
float	4	double	8

字符型和整型可以分为带符号的和不带符号的，默认情况下都是带符号的。使用不带符号的，在基本类型前加上 unsigned 即可。带符号数最高位表示符号位，最高位为 0 表示正数，最高位为 1 表示负数。不同数据类型带符号和不带符号表示的数据范围如表 1.3 所示。

表 1.3 常用数据类型的数值范围

类型	范 围	类型	范 围
(signed)char	$-128 \sim 127$	unsigned char	$0 \sim 255$
(signed) short	$-32\,768 \sim 32\,767$	unsigned short	$0 \sim 65\,535$
(signed) int	$-32\,768 \sim 32\,767(2B)$ $-2^{31} \sim 2^{31} - 1$	unsigned int	$0 \sim 65\,535(2B)$ $0 \sim 2^{32} - 1$
(signed) long	$-2^{31} \sim 2^{31} - 1$	unsigend long	$0 \sim 2^{32} - 1$
float	$-3.4 \times 10^{-38} \sim 3.4 \times 10^{38}$	double	$-1.7 \times 10^{-308} \sim 1.7 \times 10^{308}$

3. 运算符和表达式

表达式是由运算符连接常量、变量、函数所组成的式子。每个表达式都有一个值和类型。表达式求值按运算符的优先级和结合性所规定的顺序进行。

C 语言的运算符分为以下几类。

(1) 算术运算符：用于各类数值运算，包括加(+)、减(-)、乘(*)、除(/)、求余(%)、自增(++)、自减(--)7 种。

(2) 关系运算符：用于比较运算，包括大于(>)、小于(<)、等于(==)、大于等于(>=)、小于等于(<=)和不等于(!=) 6 种。

(3) 逻辑运算符：用于逻辑运算，包括与(&&)、或(||)、非(!)3 种。

(4) 位操作运算符：参与运算的操作数，按二进制位进行运算，包括按位与(&)、按位或(|)、按位非(~)、按位异或(^)、左移(<<)、右移(>>) 6 种。

(5) 赋值运算符：用于赋值运算，分为简单赋值(=)、复合算术赋值(+=, -=, *=, /=, %=)和复合按位运算赋值(&=、|=、^=、>>=、<<=)三类共 11 种。

(6) 条件运算符：三目运算符，用于条件求值(?:)。

(7) 逗号运算符：用于把若干表达式组合成一个表达式(,)。

(8) 指针运算符：取内容(*)或取地址(&)。

(9) 求字节数运算符：获取数据类型所占的字节数(sizeof)。

(10) 特殊运算符：有括号()、下标[]、成员(→、.)等。

运算符在使用过程中，要特别注意优先级问题。一般而言，单目运算符的优先级较高，赋值运算符的优先级较低；算术运算符的优先级较高，关系运算符和逻辑运算符的优先级较低。

4. 数据类型转换

在 C 语言中，整型、浮点型、字符型数据可以进行混合运算。C 语言中有 3 种数据类型的转换方式，分别是自动转换、赋值转换和强制转换。

(1) 自动转换：在表达式的运算过程中，出现不同类型的数据，则先自动进行类型转换，使数据类型一致后再进行运算。转换规律为 char，short→int→unsigned int→long int→double←float。

(2) 赋值转换：在赋值时，将赋值符右边的类型转换成与左边变量类型一致的类型，具体有以下几种情况。

① 浮点型→整型(字符型)，规则是取整数部分，去掉小数部分。

② 整型、字符型→浮点型，规则是以填 0 方式补充有效位。

③ 对 char、int、short、long 型数据，赋值符右边的数据(a 位)→赋值符左边的变量(b 位)。如果 a = b，则原样照赋；如果 a > b，则截断高 a-b 位，送低 b 位；如果 a < b，则针对无符号数据或正数高 a-b 位全补 0，针对有符号数据进行符号扩展。

符号扩展方法：如果符号位为 0，则剩余的高位补 0；如果符号位为 1，则剩余的高位补 1。

(3) 强制转换：形式是"(类型名)表达式。"强制类型转换时，得到所需类型的值，原来变量的类型和值都不变。

【例题】

(1) 输入并运行程序 1.1。

1	#include <stdio.h>
2	int main ( )
3	{
4	/*用 sizeof 测试字节长度，注：sizeof 的用法　sizeof(int) */
5	printf("int = %d\n", sizeof(short int));
6	printf("int = %d\n", sizeof(int)); 　　　　　　//测试 int 类型数据长度，单位为字节
7	printf("long int = %d\n", sizeof(long int));
8	printf("char = %d\n", sizeof(char));
9	printf("float = %d\n", sizeof(float));
10	printf("double = %d\n", sizeof(double));
11	return 0;
12	}

程序 1.1

程序分析如下：

① 本题旨在让读者熟悉 C 语言源程序从编写到执行的 4 个过程，即编辑、编译、链接和运行。

② 了解常用的基本数据类型所占长度。

③ 程序第 4 行是以"/*"开始和以"*/"结束的块式注释，这种注释可以单独占一行，也可以包含多行。编译系统在发现一个"/*"后，会去找后边的注释结束符"*/"，并把这两者之间的内容作为对程序的注释。程序第 6 行的"//"表示单行注释，这种注释可以单独放一行，也可以出现在一行程序中所有内容的右侧，但不能跨行。如果注释内容单行写不下，可以使用多个单行。

程序 1.1 的运行结果如图 1.26 所示，观察运行结果。

```
int=2
int=4
long int=4
char=1
float=4
double=8
```

图 1.26　程序 1.1 的运行结果

(2) 输入并运行程序 1.2。

1	#include <stdio.h>
2	int main()
3	{
4	char c1 = 'a', c2 = 'b', c3 = 'c', c4 = '\101', c5 = '\116';
5	printf ("a%c b%c\tc%c\tabc\n",c1, c2, c3);
6	printf("\t\b%c%c", c4, c5);
7	return 0;
8	}

程序 1.2

程序分析如下：

① 编译执行前先分析程序，写出相应的执行结果，再上机运行并验证。

② 本题旨在让读者进一步熟悉 C 语言源程序从编写到执行的 4 个过程，即编辑、编译、链接和运行。

③ 通过观察运行结果，区分转义字符 'Ｌt'、'Ｌn' 和 'Ｌb'。

程序 1.2 的运行结果如图 1.27 所示。

图 1.27　程序 1.2 的运行结果

◇ 【实验习题】

(1) 输入并运行程序 1.3。

1	#include <stdio.h>
2	int main( )
3	{
4	char c1, c2;
5	c1 = 'a';
6	c2 = 'b';
7	printf ("%c %c\n", c1, c2);
8	return 0;
9	}

程序 1.3

① 运行该程序。

② 在该程序的第 7 行后增加语句：

```
printf("%d%d\n",c1,c2);
```

再运行，并分析结果。

③ 在②的基础上将第 4 行改为：

```
int c1,c2;
```

再运行，并分析结果。

④ 在③的基础上将第 5、6 行改为：

```
c1 = a;          // 不用单撇号
c2 = b;
```

再运行，并分析结果。

⑤ 在④的基础上再将第 5、6 行改为：

```
c1 = "a";         // 用双撇号
c2 = "b";
```

再运行，并分析结果。

⑥ 在⑤的基础上将第 5、6 行改为：

```
c1 = 300;          // 用大于 127 的整数
```

　　　　c2 = 400;

再运行，并分析结果。

　　(2) 输入并运行程序 1.4。

```
1    #include <stdio.h>
2    int main()
3    {
4        short a,b;
5        unsigned short c,d;
6        long e,f;
7        a = 100;
8        b = -100;
9        e = 50000;
10       f = 32767;
11       c = a;
12       d = b;
13       printf("%d,%d\n", a, b);
14       printf("%u,%u\n", a, b);
15       printf("%u,%u\n", c, d);
16       c = a = e;
17       d = b = f;
18       printf("%d,%d\n", a, b);
19       printf("%u,%u\n", c, d);
20       return 0;
21   }
```

程序 1.4

　　要求如下：

　　① 将负整数赋给一个无符号的变量，运行并分析结果，同时画出它们在内存中的表示形式。

　　② 将大于 32767 的长整数赋给短整型变量，运行并分析结果，同时画出它们在内存中的表示形式。

　　③ 将长整数赋给无符号的短整型变量，运行并分析结果(分别考虑该长整数的值大于或等于 65 535 以及小于 65 535 的情况)，同时画出它们在内存中的表示形式。

　　(3) 输入并运行程序 1.5。

```
1    #include <stdio.h>
2    int main()
3    {
4        int i,j,m,n;
5        i = 8;
6        j = 10;
```

7	m = ++i;
8	n = j++;
9	printf("%d,%d,%d,%d", i, j, m, n);
10	return 0;
11	}

程序 1.5

要求如下：

① 运行程序，注意观察并记录 i、j、m、n 各变量的值。

② 将第 7、8 行改为如下所示，再运行。

　　　m = i++;

　　　n = ++j;

③ 将程序 1.5 改为程序 1.6，运行并观察结果。

1	#include <stdio.h>
2	int　main()
3	{
4	int i,j;
5	i = 8;
6	j = 10;
7	printf("%d,%d", i++, j++);
8	return 0;
9	}

程序 1.6

④ 在③的基础上，将 printf 语句改为：

　　　　printf("%d,%d", ++i, ++j);

⑤ 再将 printf 语句改为：

　　　　printf("%d,%d,%d,%d", i, j, i++, j++);

⑥ 将程序 1.5 改为程序 1.7，运行并观察结果。

1	#include <stdio.h>
2	int main()
3	{
4	int　i, j, m=0, n=0;
5	i = 8;
6	j = 10;
7	m+= i++; n −=−−j;
8	printf("i=%d,j=%d,m=%d,n=%d", i, j, m, n);
9	return 0;
10	}

程序 1.7

(4) 编写程序。将"China"加密，加密的规律是用原字母后第 4 个字母代替原字母。例如，字母 'A' 后面第 4 个字母是 'E'，用'E'代替字母 'A'。因此，"China" 应加密为 "Glmre"。编写源程序，使用赋初值的方法使 c1、c2、c3、c4、c5 这 5 个变量的值分别为 'C'、'h'、'i'、'n'、'a'。经过运算，使 c1、c2、c3、c4、c5 分别变为 'G'、'l'、'm'、'r'、'e'，并输出。

1.4 格式化输入输出

◇【本节要求】

(1) 学会 C 语言的 printf 函数和 scanf 函数的使用。

(2) 进一步熟悉 C 语言源程序从编写到执行的 4 个过程，即编辑、编译、链接和运行。

◇【相关知识点】

C 语言标准库提供了控制台格式化输入函数 scanf 和输出函数 printf，可以使用这两个函数在标准化的输入输出设备上以规定的格式读写数据。printf 函数用来向标准输出设备写数据，在显示屏中显示出来；scanf 函数用来从标准输入设备上读数据，计算机从键盘读入数据。下面详细介绍这两个函数的用法。

1. printf 函数

printf 函数是格式化输出函数，用于按规定格式在标准化输出设备中输出信息，在编程过程中经常会用此函数进行规定格式的输出显示。printf 函数的调用格式为：

    printf("<格式化字符串>", <参量表>):

其中，"格式化字符串"是根据需求自行要求的格式。它包括两部分内容：一部分是普通字符，这些字符原样输出；另一部分是格式化的规定字符，以"%"开始，后跟格式化规定字符，用来确定输出内容以何种格式输出。

"参量表"是需要输出的一系列参数，其个数必须与格式化字符串所说明的输出参数的个数一样多，各参数之间用","分开，且顺序一一对应，否则会出错。

1) 常用的格式化规定符

常用的格式化规定符如表 1.4 所示。

表 1.4 常用的格式化规定符

符号	作 用	符号	作 用
%d	十进制有符号整数	%p	指针的值
%u	十进制无符号整数	%e	指数形式的浮点数
%f	浮点数	%x	无符号以十六进制表示的整数
%s	字符串	%o	无符号以八进制表示的整数
%c	单个字符	%g	自动选择合适的表示法

(1) 可以在"%"和字母之间插进数字表示最大宽度。例如：

%5d 表示输出 5 位整型数，不够 5 位右对齐。

%6.2f 表示输出宽为 6 的浮点数，其中小数位为 2，整数位为 3，小数点占一位，

　　不够 6 位右对齐。

%9s　　　　表示输出 9 个字符的字符串，不够 9 个字符右对齐。

　　如果字符串的长度或整型数位数超过说明的宽度，将按其实际长度输出。但对于浮点数，若整数部分位数超过了说明的整数位宽度，将按实际整数位输出；若小数部分位数超过了说明的小数位宽度，则按说明的宽度以四舍五入输出。

　　另外，若要在不够宽度的输出值前加 0，应在宽度项前加 0。例如：

%04d　　　　表示输出内容小于 4 位的数值时，在前面补 0 使其总宽度为 4 位。

　　如果用浮点数表示字符或整型量的输出格式，则小数点后的数字代表最大宽度，小数点前的数字代表最小宽度。例如：

%5.8s　　　表示输出长度介于 5 与 8 之间的字符串。若大于 8，则第 8 个字符以后的内容将被删除。

　　(2) 可以在"%"和字母之间加小写字母 l，表示输出的是长型数。例如：

%ld　　　　表示输出 long 型整数。

%lf　　　　表示输出 double 型浮点数。

　　(3) 可以控制输出左对齐或右对齐。例如：

%-6d　　　表示输出 6 位整数左对齐。

%-9s　　　表示输出 9 个字符左对齐。

%6d　　　　表示输出 6 位整数，不够 6 个字符右对齐。

%9s　　　　表示输出 9 个字符，不够 8 个字符右对齐。

2) 特殊规定字符

　　一些特殊规定字符如表 1.5 所示。

表 1.5　特殊规定字符

符号	作　用	符号	作　用
\n	换行	\r	回车
\f	清屏并换页	\t	Tab 符

2. scanf 函数

　　scanf 函数是格式化输入函数，它从标准输入设备(键盘)读取输入的信息。其调用格式为：

　　　　scanf("<格式化字符串>", <地址表>);

　　"格式化字符串"包括以下 3 类不同的字符：

　　(1) 格式化说明符：同 printf 函数格式化规定符。

　　(2) 空白字符：scanf 函数在读操作中会自动略去输入中的空白字符。

　　(3) 非空白字符：scanf 函数在读入时会自动略去与非空白字符相同的字符。

　　"地址表"是需要读入变量的地址，而不是变量本身。"地址表"由一个或多个地址构成，用","分隔。

3. 注意包含头文件 stdio.h

　　不论是 printf 函数还是 scanf 函数，在使用前都需要在源文件的开头写上以下命令行：

　　　　#include <stdio.h>　　　//包含头文件 stdio.h

stdio.h 是编译系统提供的一个头文件名，stdio 是"standard input&output"的缩写，文件后缀".h"的意思是头文件(header file)，包含头文件 stdio.h 的命令行都是放在源程序文件的开头的。输入输出函数的相关信息已事先放在 stdio.h 文件中，通过预编译处理指令 #include 把这些信息调入以供使用。对于 #include 指令，可先不必深究。

【例题】

(1) 输入并运行程序 1.8。

1	#include <stdio.h>
2	int main()
3	{
4	printf ("This is a C program.\n");
5	printf("It is so fun to program with C language. * ^ _ ^ *\n");
6	return 0;
7	}

程序 1.8

程序分析：

① 程序 1.8 为简单的顺序结构输出程序。

② 输出需要换行时，应使用换行符。

程序运行结果如图 1.28 所示，观察运行结果。

```
This is a C program.
It is so fun to program with C language. * ^ _ ^ *
```

图 1.28　程序 1.8 的运行结果

(2) 输入并运行程序 1.9。

1	#include <stdio.h>
2	int main()
3	{
4	int a, b;
5	float d, e;
6	char c1, c2;
7	double f, g;
8	long m, n;
9	unsigned int p, q;
10	a = 61; b = 62;
11	c1 = 'a'; c2 = 'b';
12	d = 3.56; e = -6.87;
13	f = 3157.890121; g = 0.123456789;
14	m = 50000; n = -60000;
15	p = 32768; q = 40000;
16	printf("a=%d, b=%d\nc1=%c, c2=%c\nd=%6.2f, e=%6.2f\n", a, b, c1, c2, d, e);

17	printf("f=%15.6f, g=%15.12f\nm=%ld, n=%ld\np=%u, q=%u\n", f, g, m, n, p, q);
18	return 0;
19	}

程序 1.9

程序分析：

① 程序 1.9 为顺序结构输出程序。

② 本题给出了 int、float、char、double、long、unsigned int 这几种不同数据类型的输出格式，其中的难点是固定长度输出。

程序运行结果如图 1.29 所示，观察运行结果。

```
a=61, b=62
c1=a, c2=b
d=  3.56, e= -6.87
f=    3157.890121, g= 0.123456789000
m=50000, n=-60000
p=32768, q=40000
```

图 1.29　程序 1.9 的运行结果

◇【实验习题】

编写如下程序。

(1) 设圆半径 r = 2.5，圆柱高 h = 5，求圆周长、圆面积、圆柱体积。要求：

① 用 scanf 函数输入数据，用 printf 函数输出计算结果。

② 考虑界面的友好性，输出时要有文字说明，结果保留到小数点后两位。

(2) 用 getchar 函数读入两个字符并赋给变量 char1、char2，然后分别用 putchar 函数和 printf 函数输出这两个字符。要求：

① 自学 getchar 函数和 putchar 函数。

② 上机运行程序，比较用 printf 函数和 putchar 函数输出字符的特点。

(3) 输入并运行程序 1.9(程序在例题中)。要求：

① 运行此程序并分析结果。

② 在此基础上，修改程序的第 10~15 行。

　　a = 61; b = 62;

　　c1 = 'a'; c2 = 'b';

　　f = 3157.890121; g = 0.123456789;

　　d = f; e = g;

　　p = a = m = 50000;

　　q = b = n = −60000;

运行程序并分析结果。

③ 改用 scanf 函数给变量赋值，而不用赋值语句，scanf 函数如下。

　　scanf("%d, %d, %c, %c, %f, %f, %lf, %lf, %ld, %ld, %u, %u", &a, &b, &c1,

　　&c2,&d,&e,&f,&g,&m,&n,&p,&q);

输入的数据如下。

　　61,62,a,b,3.56,−6.87,3157,890121,0.123456789,50000，−60000,37678,40000↙

④ 在③的基础上将 printf 语句做以下改动并运行程序。

printf("a=%d, b=%d\nc1=%c, c2=%c\nd=%15.6f, e=%15.12f\n", a,
    b, c1, c2, d, e);

printf("f=%f, g=%f\nm=%d, n=%d\np=%d, q=%d\n", f, g, m, n, p, q);

⑤ 将 p、q 改用%o 格式符输出。

⑥ 将 scanf 函数中的%lf 和%ld 改为%f 和%d，运行程序并分析结果。

1.5 程序流程图

为了表示一个算法，可以用不同的方法。常用的方法有自然语言、传统流程图、结构化流程图、伪代码、PAD 图等，这里主要介绍流程图。

用图表示的算法就是流程图。流程图是用一些图框来表示各种类型的操作，在框内写出各个步骤，然后用带箭头的线把它们连接起来，以表示执行的先后顺序。用图形表示算法，直观形象，并且易于理解。

美国国家标准化协会 ANSI 曾规定了一些常用的流程图符号，为世界各国的程序工作者普遍采用。常用的流程图符号如图 1.30(a)所示，工程上的程序开发流程图如图 1.30(b)所示。

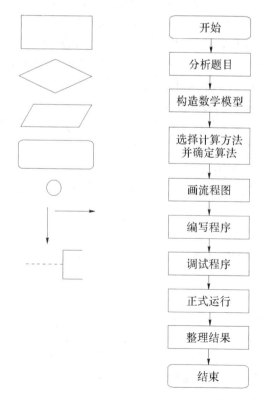

（a）常用的流程图符号   （b）程序开发流程图

图 1.30 常用的流程图符号及程序开发流程图

常用的流程图符号介绍如下。

处理框(矩形框)：表示一般的处理功能。

判断框(菱形框)：表示对一个给定的条件进行判断，并根据给定的条件是否成立决定如何执行其后的操作。它有一个入口和两个出口。

输入输出框(平行四边形框)：表示输入输出。

起止框(圆弧形框)：表示流程开始或结束。

连接点(圆圈)：用于将画在不同地方的流程线连接起来。用连接点可以避免流程线的交叉或过长，使流程图更加清晰。

流程线(指向线)：表示流程的路径和方向。

注释框：可以对流程图中某些操作做必要的补充说明，以方便更好地理解流程图的作用。它不是流程图中必要的部分，不反映流程和操作。

程序流程图表示程序内各步骤的内容以及它们的关系和执行的顺序，它说明了程序的逻辑结构。程序流程图应该足够详细，以便可以按照它顺利地写出程序，而不必在编写时临时构思，甚至出现逻辑错误。程序流程图不仅可以用来指导编写程序，而且可以在调试程序中用来检查程序的正确性。

如果程序流程图是正确的而结果不对，则按照程序流程图逐步检查程序是很容易发现其错误的。程序流程图还能作为程序说明书的一部分提供给他人，以便帮助他人理解程序的思路和结构。

【例题】对一个大于或等于 3 的正整数，判断它是不是一个素数。

所谓素数，是指除 1 和该数本身之外，不能被其他任何整数整除的数。例如，13 是素数，因为它不能被 2，3，4，…，12 整除。

判断一个数 $N(N>3)$ 是否是素数的方法是很简单的：将 N 作为被除数，将 2 到 $(N-1)$ 各个整数轮流作为除数，如果都不能被整除，则 N 为素数。其算法可以用自然语言表示如下：

① 输入 N 的值。

② $I=2$。

③ N 被 I 除。

④ 如果余数为 0，表示 N 能被 I 整除，则打印 N "非素数"，算法结束，否则继续。

⑤ $I=I+1$。

⑥ 如果 $I \leqslant N-1$，则返回③，否则打印 N "素数"，然后结束。

也可以用流程图表示，如图 1.31 所示。

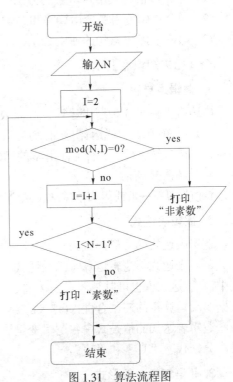

图 1.31　算法流程图

第2章 选择结构程序设计

前文中所涉及的程序都是按自上而下的顺序执行的，执行完上一条语句就自动执行下一条语句，这种没有条件限制且不需任何判断的程序结构称为顺序结构，这是最简单的程序结构。实际上，在很多情况下，需要根据某个或某些条件是否满足来决定是否执行指定的操作任务，或者从给定的两种或多种操作选择其一，这就是选择结构要解决的问题。选择结构可以由 if 语句或 switch 语句来实现。

下面分别来学习这两个语句。

2.1 if 语 句

◇【本节要求】

(1) 了解 C 语言表示逻辑量的方法(以 0 代表"假"，以非 0 代表"真")。

(2) 学会正确使用逻辑运算符和逻辑表达式。

(3) 熟练掌握 if 语句的使用方法。

◇【相关知识点】

1. 逻辑运算符

C 语言提供了 3 种逻辑运算符，即 && (与运算符)、‖(或运算符)、!(非运算符)。

与运算符(&&)和或运算符(‖)均为双目运算符，具有左结合性；非运算符(!)为单目运算符，具有右结合性。综合前面所学的运算符，可将运算符的优先级关系表示如下(优先级从左到右依次升高)：

赋值运算符→‖(或运算符)和&&(与运算符)→关系运算符→算术运算符→ !(非运算符)

2. 逻辑表达式

逻辑表达式的一般形式为：

　　　表达式　逻辑运算符　表达式

其中，"表达式"也可以是逻辑表达式，从而组成了嵌套的逻辑表达式，例如(a&&b)&&c。根据逻辑运算符的左结合性，(a&&b)&&c 也可写为 a&&b&&c。

逻辑表达式的值是式中各逻辑变量进行逻辑运算的最终值，只有"1"和"0"两种结果，分别代表"真"和"假"。

3. if 语句的一般形式

(1) 第一种形式为基本形式为 if。

　　　if(表达式) 语句；

其语义是：如果表达式的值为真，则执行其后的语句，否则不执行该语句。if 语句的流程图如图 2.1 所示。

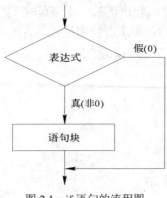

图 2.1　if 语句的流程图

(2) 第二种形式为 if-else。

```
if(表达式)
    语句 1;
else
    语句 2;
```

其语义是：如果表达式的值为真，则执行语句 1，否则执行语句 2。if-else 语句的流程图如图 2.2 所示。

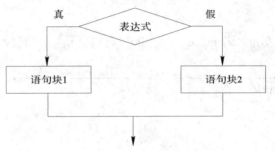

图 2.2　if-else 语句的流程图

(3) 第三种形式为 if-else-if。

前两种形式的 if 语句一般都用于有两个分支的情况。当有多个分支选择时，可采用 if-else-if 语句，其一般形式为：

```
if(表达式 1)
    语句 1;
else   if(表达式 2)
    语句 2;
else   if(表达式 3)
    语句 3;
      …
else   if(表达式 m)
    语句 m;
```

else
　　语句 n;

其语义是：依次判断表达式的值，当出现某个值为真时，则执行其对应的语句，然后跳到整个 if 语句之外继续执行程序；如果所有的表达式均为假，则执行语句 n，然后继续执行后续程序。if-else-if 语句的执行过程如图 2.3 所示。

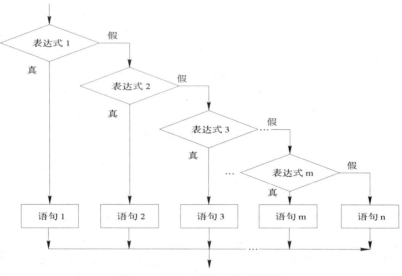

图 2.3　if-else-if 语句的执行过程

【例题】

(1) m、n 为整型变量，若 m^2+n^2 大于 100，则输出 m^2+n^2 的值，否则输出 m+n。代码实现如程序 2.1 所示。

```
1    #in clude <stdio.h>
2    int    main()
3    {
4        int m,n,z;
5        printf("m=");
6        scanf("%d",&m);
7        printf("n=");
8        scanf("%d",&n);
9        z=m*m+n*n;
10       if(z>100)
11           printf("m*m+n*n=%d",z);
12       else
13           printf("m+n=%d",m+n);
14       return 0;
15   }
```

程序 2.1

程序分析：

① 该程序为 if-else 选择结构程序。

② 根据题意，如果 $m^2 + n^2 > 100$，则输出 $m^2 + n^2$ 的值；否则，也就是当 $m^2 + n^2 \leqslant 100$ 时，则输出 $m + n$ 的值。

③ 为了增强程序的可读性，编写程序时要有必要的输出提示语句。

程序 2.1 的运行结果如图 2.4、图 2.5 所示，观察运行结果。

图 2.4　程序 2.4 的运行结果 1　　　图 2.5　程序 2.4 的运行结果 2

(2) 有一函数：

$$y = \begin{cases} x & (x<1) \\ 2x-1 & (1 \leqslant x < 10) \\ 3x-11 & (x \geqslant 10) \end{cases}$$

其代码实现如程序 2.2 所示。

```
1    #include <stdio.h>
2    int main()
3    {
4        int x,y;
5        printf("x=");
6        scanf("%d",&x);
7        if(x<1)
8            printf("y=x=%d",x);
9        else if(x<10)
10           printf("y=2x-1=%d",2*x-1);
11       else
12           printf("y=3x-11=%d",3*x-11);
13       return 0;
14   }
```

程序 2.2

程序分析：

(1) 该程序为 if-else if-else 选择结构程序。

(2) 根据题意，如果 $x<1$，输出 x 的值；如果 $1 \leqslant x < 10$，输出 $2x-1$ 的值；如果 $x \geqslant 10$，输出 $3x-11$ 的值。

程序 2.2 的运行结果如图 2.6～图 2.8 所示，观察运行结果。

 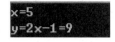 

图 2.6　程序 2.2 的运行结果 1　图 2.7　程序 2.2 的运行结果 2　图 2.8　程序 2.2 的运行结果 3

◇【实验习题】

(1) 判断逻辑表达式的值并编写程序验证。设 a=3，b=4，c=5，有如下逻辑表达式：

① a+b>c&&b= =c。

② a||b+c&&b−c。

③ !(a>b)&&!c||1。

④ !(x=a)&&(y=b)&&0。

⑤ !(a+b)+c−1&&b+c/2。

要求：

① 分析、判断逻辑表达式的真假。

② 编程验证逻辑表达式的真假。

③ 程序中要包含必要的文字描述，以增强程序的可读性。

(2) 用 scanf 函数输入一个百分制成绩，转换成等级 A、B、C、D、E 输出。90 分以上为 A，81～89 分为 B，70～79 分为 C，60～69 分为 D，60 分以下为 E。

要求：

① 使用 if-else-if 语句编写程序，运行程序，并检查结果是否正确。

② 重新运行程序，使输入的分数不在 0～100 之间，当成绩输入出错时，输出"输入出错"提示信息，程序结束。修改原程序，使之能正确处理任何数据。

2.2　switch 语句

◇【本节要求】

(1) 熟练掌握 switch 语句的使用方法。

(2) 对比学习 if 语句和 switch 语句，深入理解选择结构程序设计。

◇【相关知识点】

在 C 语言中，除了 if-else-if 语句，switch 语句是另一种用于多分支选择的语句，其一般形式为：

```
switch(表达式)
{
    case 常量表达式 1：    语句 1；
    case 常量表达式 2：    语句 2；
    …
    case 常量表达式 n：    语句 n；
    default：  语句 n+1；
}
```

其语义是：计算"表达式"的值，其值与"常量表达式"的值逐个比较。当"表达式"的值与某个"常量表达式"的值相等时，执行该"常量表达式"后的语句，执行过后不再进行判断，继续执行后面所有 case 后的语句。在比较过程中，如果"表达式"的值与所有 case 后的"常量表达式"的值都不相同时，则执行 default 后的语句。

通常希望 switch 语句在执行完某个 case 语句后自动跳出整个选择语句，并不继续执行后面所有的 case 语句。因此，C 语言还提供了 break 语句，专门用于跳出 switch 语句，从而避免输出不应有的结果。其格式如下：

```
switch(表达式)
{
    case 常量表达式 1:  语句 1;  break;
    case 常量表达式 2:  语句 2;  break;
    …
    case 常量表达式 n:  语句 n;  break;
    default:  语句 n+1;
}
```

在使用 switch 语句时还应注意以下几点：

(1) case 语句后的各"常量表达式"的值不能相同，否则会出错。

(2) 各 case 语句和 default 语句可以调整先后顺序，不影响程序执行的结果。

(3) default 语句可以省略。

【例题】

(1) 输入并运行程序 2.3，实现星期几的英文翻译。

1	#include <stdio.h>
2	int main()
3	{
4	int t;
5	printf("输入数字：");
6	scanf("%d",&t);
7	switch(t)
8	{
9	case 1:printf("monday\n");break;
10	case 2:printf("tuesday\n");break;
11	case 3:printf("wednesday\n");break;
12	default:printf("error\n");
13	}
14	return 0;
15	}

程序 2.3

程序分析：

① 本程序为 switch 语句选择结构程序。

② 根据题意，t=1，输出 monday 并结束选择，跳出程序；t=2，输出 tuesday 并结束选择，跳出程序；t=3，输出 wednesday 并结束选择，跳出程序；输入其他数值，因为程序没有预设，均为错误输入。

程序 2.3 的运行结果如图 2.9～图 2.12 所示，观察运行结果。

图 2.9　程序 2.3 的　　图 2.10　程序 2.3 的　　图 2.11　程序 2.3 的　　图 2.12　程序 2.3 的
　　　　运行结果 1　　　　　　运行结果 2　　　　　　运行结果 3　　　　　　运行结果 4

(2) 输入并运行程序 2.4，实现输入月份，输出对应季度。

```
1    #include <stdio.h>
2    int main()
3    {
4        int t;
5        printf("输入数字：");
6        scanf("%d",&t);
7        switch(t)
8        {
9            case 1:
10           case 2:
11           case 3:printf("第一季度\n");break;
12           case 4:
13           case 5:
14           case 6:printf("第二季度\n");break;
15           case 7:
16           case 8:
17           case 9:printf("第三季度\n");break;
18           case 10:
19           case 11:
20           case 12:printf("第四季度\n");break;
21           default:printf("error\n");
22       }
23       return 0;
24   }
```

程序 2.4

程序分析：

① 本程序为 switch 语句选择结构程序。

② 根据题意，　t=1、2、3，输出第一季度，完整的写法为：

　　case 1: printf("第一季度\n"); break;

　　case 2: printf("第一季度\n"); break;

　　case 3:printf("第一季度\n"); break;

因为 1、2、3 同为第一季度，为了减少代码输入量，程序可简化为：

　　case 1:

　　case 2:

　　case 3:printf("第一季度\n"); break;

其他 3 个季度同理。

程序 2.4 的运行结果如图 2.13～图 2.15 所示，观察运行结果。

图 2.13　程序 2.4 的运行结果 1　　图 2.14　程序 2.4 的运行结果 2　　图 2.15　程序 2.4 的运行结果 3

◇【实验习题】

(1) 用 scanf 函数输入一个百分制成绩，转换成等级 A、B、C、D、E 输出。90 分以上为 A，81～89 分为 B，70～79 分为 C，60～69 分为 D，60 分以下为 E。要求：

① 使用 switch 语句编写程序，运行程序，并检查结果是否正确。

② 重新运行程序，使输入的分数不在 0～100 之间，当成绩输入出错时，输出"输入出错"提示信息，程序结束。修改原程序，使之能正确处理任何数据。

(2) 用 scanf 函数输入一个不超过 5 位的正整数。要求：

① 使用 switch 语句编写程序。

② 求出它是几位数。

③ 分行分别打印出每一位数字。

④ 逆序打印出各位数字，例如原数为 6789，应输出 9876。

提示：

可准备以下测试数据：

要处理的数为 1 位正整数；

要处理的数为 2 位正整数；

要处理的数为 3 位正整数；

要处理的数为 4 位正整数；

要处理的数为 5 位正整数。

除此之外，程序还应当对不合法的输入进行必要的处理。例如输入负数，输入的数超过 5 位(如 123456)等。

第3章 循环结构程序设计

前面介绍了程序设计中常用到的顺序结构和选择结构，但是只有这两种结构是不够的，有时需要重复执行某条或某几条语句，如果重复写同样的程序段，会使编程的工作量加大，也会使程序变得冗长、可读性差。为此，C语言提供了循环控制结构，用来处理需要进行的重复操作。

循环结构是编程过程中要重点掌握的程序设计结构。其原理是，在给定条件成立时反复执行某程序段，直到条件不成立为止。将给定的条件称为循环条件，反复执行的程序段称为循环体。C语言提供了多种循环语句，可以组成不同形式的循环结构，如用goto语句和if语句构成循环(通常不使用)；用while语句；用do-while语句；用for语句。

下面介绍这3种常用的循环结构。

3.1 while 循环

◇【本节要求】

(1) 熟悉并掌握while语句的用法。

(2) 掌握在程序设计中用循环的方法实现一些常用算法(如穷举、迭代、递推等)。

◇【相关知识点】

while 语句的一般形式为：

　　　while(表达式) 语句;

其中，"表达式"是循环条件，"语句"为循环体。

while 语句的含义是：计算"表达式"的值，当其值为真(非0)时，执行循环体语句。其执行过程可用图3.1表示。

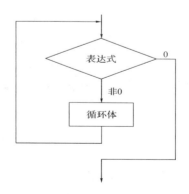

图 3.1　while 循环流程图

使用 while 语句时应注意：

(1) while 语句中的"表达式"可以是关系表达式，也可以是逻辑表达式，只要表达式的值为真(非 0)即可继续循环。

(2) 循环体是复合语句时，必须用"{}"括起来。

【例题】

输入并运行程序 3.1，统计全班各学生 3 门课的平均成绩(假设全班有 n 个学生，为方便观察结果，设 n=4)。

1	`#include <stdio.h>`
2	`int main()`
3	`{`
4	`    int i;`
5	`    i=1;`
6	`    float s1,s2,s3,aver;`
7	`    while(i<=4)`
8	`    {`
9	`        printf("请输入学生%d 三门课成绩，以逗号作为间隔：\n",i);`
10	`        scanf("%f,%f,%f",&s1,&s2,&s3);`
11	`        aver=(s1+s2+s3)/3;`
12	`        printf("aver%d=%7.2f\n",i,aver);`
13	`        i++;`
14	`    }`
15	`    return 0;`
16	`}`

程序 3.1

程序分析：

(1) 本程序为 while 循环结构程序。

(2) 循环结构程序有 3 个重点，即循环体、循环初值、循环次数。

① 循环体：输入一个学生 3 门课成绩；计算平均值并输出；指到下一个学生。

② 循环初值：学号一般从 1 开始，所以设置初值为 1，代表学号为 1 的学生。

③ 循环次数：共 4 个学生，循环 4 次即可。

程序 3.1 的运行结果如图 3.2 所示，观察运行结果。

```
请输入学生1三门课成绩，以逗号作为间隔：
60,70,80
aver1=  70.00
请输入学生2三门课成绩，以逗号作为间隔：
70,80,90
aver2=  80.00
请输入学生3三门课成绩，以逗号作为间隔：
90,90,100
aver3=  93.33
请输入学生4三门课成绩，以逗号作为间隔：
85.5,90,90
aver4=  88.50
```

图 3.2　程序 3.1 的运行结果

◇【实验习题】

(1) 用 while 语句计算从 1 加到 100 的值。要求：

① 画出程序流程图，编写程序。

② 将程序改为计算从 1 加到 10 000 的值，观察结果是否正确。如出错，进行修改。

(2) 统计从键盘输入的随机的一串字符的字符个数。要求：

① 使用 getchar 语句输入字符。

② 画出程序流程图并编程。

③ 在原基础上修改程序，使其能分别统计大小写字母、空格、数字和其他字符的个数。

提示：通过回车判断输入是否结束。

(3) 输入两个正整数 a 和 b，求它们的最大公约数和最小公倍数。要求：

① 在输入时，使 a > b，观察结果是否正确。

② 在输入时，使 a < b，观察结果是否正确。

③ 修改程序，不论 a 和 b 为何值(包括负整数)，都能得到正确的结果。

3.2　do-while 循环

◇【本节要求】

(1) 熟悉并掌握 do-while 语句的用法。

(2) 与 while 语句对比学习，掌握两者的区别。

◇【相关知识点】

do-while 语句的一般形式为：

　　do

　　　语句

　　while(表达式);

do-while 循环先执行循环中的"语句"，再判断"表达式"是否为真，如果为真则继续循环；如果为假，则终止循环。因此，do-while 循环至少会执行一次"语句"，其执行过程如图 3.3 所示。

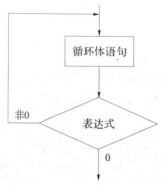

图 3.3　do-while 语句流程图

当 "语句" 是复合语句时, 必须用 "{}" 括起来。

【例题】

输入并运行程序 3.2, 实现用 do-while 语句求 $1 + 2 + 3 + \cdots + 100$, 即 $\sum\limits_{n=1}^{100} n$ 的值。

1	# include <stdio.h>
2	int main()
3	{
4	int i=1,sum=0;
5	do
6	{
7	sum=sum+i;
8	i++;
9	}
10	while(i<=100);
11	printf("1-100 累加和为%d",sum);
12	return 0;
13	}

程序 3.2

程序分析:

(1) 本程序为 do-while 循环结构程序。

(2) 循环体为: 累加当前数值; 指到下一个数值。

(3) 循环初值: 从 1 开始累加, 所以设置初值为 1。

(4) 循环次数: 1～100, 即循环 100 次。

程序 3.2 的运行结果如图 3.4 所示。

1-100累加和为5050

图 3.4　程序 3.2 的运行结果

◇【实验习题】

(1) 分别用 while 语句和 do-while 语句计算从 x 加到 10 的值, x 小于 10。要求:

① x 用 scanf 语句输入。

② 画出程序流程图, 编写程序。

③ 两程序输入相同的 x, 观察结果。

④ 两程序输入相同的 x, 但 x 大于 10, 观察结果。

(2) 打印出乘法九九表。要求:

① 画出程序流程图, 使用 do-while 语句编写程序。

② 打印出的乘法九九表的形状为直角三角形。

3.3　for 循　环

◇【本节要求】

(1) 熟悉并掌握用 for 语句实现循环的方法。

(2) 对比学习用 while 语句、do-while 语句和 for 语句实现循环的方法。

(3) 掌握程序设计中用循环的方法实现一些常用算法(如穷举、迭代、递推等)。

◇【相关知识点】

在 C 语言中，for 语句的使用最为灵活，它完全可以取代 while 语句。for 语句的一般形式为：

　　for(表达式 1; 表达式 2; 表达式 3)　语句;

其执行过程如下：

(1) 先求解"表达式 1"。

(2) 判断"表达式 2"的值，若其值为真，则执行 for 语句中指定的内嵌语句，然后执行第(3)步；若其值为假，则结束循环，转到第(5)步。

(3) 求解"表达式 3"。

(4) 转到第(2)步继续执行。

(5) 循环结束，执行 for 语句下面的语句。

for 循环流程图如图 3.5 所示。

对 for 语句的应用形式更直接的表述如下：

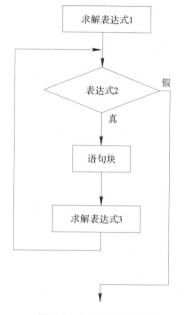

图 3.5　for 循环流程图

　　for(循环变量赋初值; 循环条件; 循环变量增量)　语句;

"循环变量赋初值"是一个赋值语句，给循环变量赋初始值；"循环条件"是一个关系表达式，它决定什么时候退出循环；"循环变量增量"定义循环变量每循环一次后的变化方式，这 3 个部分之间用分号分开。使用 for 语句应该注意：

(1) for 循环中的"表达式 1(循环变量赋初值)"、"表达式 2(循环条件)"和"表达式 3(循环变量增量)"都是选择项，即可以省略，但分号(;)不能省略。

(2) 省略了"表达式 1(循环变量赋初值)"，表示不对循环变量赋初值。

(3) 省略了"表达式 2(循环条件)"，则不做其他处理时便成为死循环。

(4) 省略了"表达式 3(循环变量增量)"，则不对循环变量进行操作，这时可在语句体中加入修改循环变量的语句。

【例题】

输入并运行程序 3.3，用 for 循环统计全班各学生 3 门课的平均成绩(假设全班有 n 个学生，为方便观察结果，设 n=4)。

1	#include <stdio.h>
2	int main()
3	{
4	int i;
5	float s1,s2,s3,aver;
6	for(i=1;i<=4;i++)
7	{
8	printf("请输入学生%d 三门课成绩，以逗号作为间隔：\n",i);
9	scanf("%f,%f,%f",&s1,&s2,&s3);
10	aver=(s1+s2+s3)/3;
11	printf("aver%d=%7.2f\n",i,aver);
12	}
13	return 0;
14	}

程序 3.3

程序分析：

(1) 本程序为 for 循环结构程序。

(2) 循环结构程序有 3 个重点，即循环体、循环初值、循环次数。

① 循环体：输入一个学生 3 门课成绩；计算平均值并输出；指到下一个学生。

② 循环初值：学号一般从 1 开始，所以设置初值为 1，代表学号为 1 的学生。

③ 循环次数：共 4 个学生，循环 4 次即可。

程序 3.3 的运行结果如图 3.6 所示。

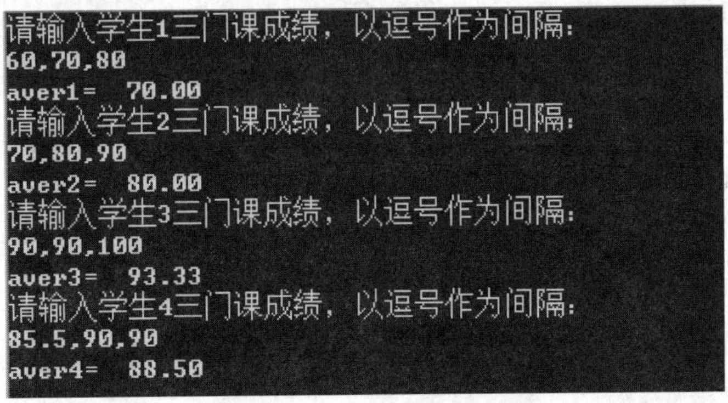

图 3.6　程序 3.3 的运行结果

◇【实验习题】

(1) 计算 s = 5 + 55 + 555 + 5555 + 55555。要求：

① 画出程序流程图，使用 for 语句编写程序。

② 分别使用 while 语句、do-while 语句计算 s 的值。

(2) 打印出乘法九九表。要求：

① 画出程序流程图，使用 for 语句编写程序。

② 打印出的乘法九九表形状为直角三角形。

(3) 猴子吃桃问题。猴子第一天摘下若干个桃子，当即吃了一半，还不过瘾，又多吃了一个。第二天早上将剩下的桃子吃掉一半，又多吃了一个。以后每天早上都吃了前一天剩下的一半零一个。到第 10 天早上再吃时，只剩一个桃子了。猴子第一天共摘了多少桃子？要求：

① 画出程序流程图，使用 for 循环编写程序。

② 在得到正确的结果后，将题目改为猴子每天吃了前一天剩下的一半后，再吃两个。编写程序并运行，检查结果是否正确。

3.4 循 环 嵌 套

在 C 语言中，将一个循环体内又包含另一个完整的循环结构称为循环嵌套。内嵌的循环中还可以嵌套循环，这就是多层循环。

while 循环、do-while 循环和 for 循环可以互相嵌套。例如，有以下 6 种循环嵌套形式。

(1) while 结构中嵌套 while 结构，它的一般形式为：

```
while( )
{…
    while( )
    {…}
}
```

(2) do-while 结构中嵌套 do-while 结构，它的一般形式为：

```
do
{…
    do
    {…}
    while( );
}while( );
```

(3) for 结构中嵌套 for 结构，它的一般形式为：

```
for( ; ; )
{
    for( ; ; )
    {…}
}
```

(4) do-while 结构中嵌套 for 结构或 while 结构，它的一般形式为：

```
do
{…
    for(;;){ }
    …
```

　　　　}while( );
(5) while 结构中嵌套 for 结构或 do-while 结构，它的一般形式为：
　　while( )
　　{…
　　　　do{…}
　　　　while( );
　　　　…
　　}
(6) for 结构中嵌套 while 结构或 do-while 结构，它的一般形式为：
　　for(;;)
　　{…
　　　　while( )
　　　　{　　}
　　　　…
　　}

以上这些嵌套的结构方式中，由于 for 循环语句灵活简单，因此以 for 循环的嵌套最为常见。

【例题】

(1) 输入并运行程序 3.4，该程序可输出如下图案。

```
* * * * * * * *
* * * * * * * *
* * * * * * * *
* * * * * * * *
```

1	int main()
2	{
3	int i,j;
4	for(i=1;i<=4;i++)
5	{
6	for(j=1;j<=8;j++)
7	{
8	printf("*");
9	}
10	printf("\n");
11	}
12	return 0;
13	}

程序 3.4

程序分析：

① 本程序为 for-for 嵌套循环结构程序。

② 内循环为输出一排 8 个*。

```
for(j=1;j<=8;j++)
{
    printf("*");
}
```

③ 外循环为输出 4 排内循环。

```
for(i=1;i<=4;i++)
{
    内循环
    printf("\n");
}
```

程序 3.4 的运行结果如图 3.7 所示。

图 3.7　程序 3.4 的运行结果

(2) 输入并运行程序 3.5，该程序可输出九九乘法口诀表。

1	#include <stdio.h>
2	int main()
3	{
4	int i,j,k;
5	for(i=1;i<=9;i++)
6	{
7	for(j=1;j<=i;j++)
8	{
9	k=j*i;
10	printf("%d*%d=%d ",j,i,k);
11	}
12	printf("\n");
13	
14	}
15	getch();
16	return 0;
17	}

程序 3.5

程序分析：

① 本程序为 for-for 嵌套循环结构程序。

② 内循环为输出一排乘法口诀，第 i 排到 j*i 结束。

```
for(j=1;j<=i;j++)
{
    k=j*i;
    printf("%d*%d=%d ",j,i,k);
}
```

③ 外循环为输出 9 排内循环。

```
for(i=1;i<=9;i++)
{
    内循环;
    printf("\n");
}
```

程序 3.5 的运行结果如图 3.8 所示。

```
1*1=1
1*2=2  2*2=4
1*3=3  2*3=6  3*3=9
1*4=4  2*4=8  3*4=12  4*4=16
1*5=5  2*5=10  3*5=15  4*5=20  5*5=25
1*6=6  2*6=12  3*6=18  4*6=24  5*6=30  6*6=36
1*7=7  2*7=14  3*7=21  4*7=28  5*7=35  6*7=42  7*7=49
1*8=8  2*8=16  3*8=24  4*8=32  5*8=40  6*8=48  7*8=56  8*8=64
1*9=9  2*9=18  3*9=27  4*9=36  5*9=45  6*9=54  7*9=63  8*9=72  9*9=81
```

图 3.8　程序 3.5 的运行结果

◇【实验习题】

(1) 100 个铜钱买了 100 只鸡，其中公鸡一只 5 钱、母鸡一只 3 钱，小鸡一钱 3 只，求 100 只鸡中公鸡、母鸡、小鸡各多少只？

(2) 判断 m 是不是素数。

(3) 输出 100～200 之间的不能被 3 整除的数。

第4章 数组初步

4.1 一维数组

◇【本节要求】

(1) 掌握一维数组的概念。

(2) 掌握一维数组的引用。

(3) 掌握一维数组的初始化。

◇【相关知识点】

1. 一维数组的概念

假设输出一个3*3的矩阵，由前面所学知识可以写出如下代码：

```c
#include <stdio.h>
#include <stdlib.h>
int main()
{
    int a1=1, a2=2, a3=3;
    int b1=4, b2=5, b3=6;
    int c1=7, c2=8, c3=96;
    printf("%d %d %d\n", a1, a2, a3);
    printf("%d %d %d\n", b1, b2, b3);
    printf("%d %d %d\n", c1, c2, c3);
    return 0;
}
```

运行结果如下：

```
1 2 3
4 5 6
7 8 9
```

该矩阵共有9个整数，程序中为每个整数定义了一个变量，也就是9个变量。那么，为了减少变量的数量，让开发更有效率，能不能为多个数据定义一个变量呢？比如，把每一行的整数放在一个变量里面，或者把9个整数全部都放在一个变量里面。

要把数据放入内存，必须先要分配内存空间。假设放入3个整数，就得分配3个int类型的内存空间：

```c
int a[3];
```

这样就在内存中分配了 3 个 int 类型的内存空间,共 3*4 = 12 个字节,a 为它们的名字。

把这样的一组数据的集合称为数组(array),将它所包含的每一个数据叫做数组元素(element),所包含的数据的个数称为数组长度(length)。例如,int a[3] 就定义了一个长度为3 且名字是 a 的整型数组。

数组中的每个元素都有一个序号,这个序号从 0 开始,而不是从 1 开始,将这个序号称为下标(index)。使用数组元素时,指明下标即可,形式为:

    arrayName[index];

arrayName 为数组名称, index 为下标。例如, a[0] 表示第 1 个元素, a[2] 表示第 3个元素。

接下来把之前矩阵第一行的 3 个整数放入数组,即 a[0]=1,a[1]=2,a[2]=3,这里的 0、1、2 就是数组下标,a[0]、a[1]、a[2]就是数组元素。

总结一下,数组的定义方式为:

    dataType   arrayName[length];

dataType 为数据类型, arrayName 为数组名称, length 为数组长度。例如:

    float m[12];

    char ch[9];

需要注意的是:

(1) 数组中每个元素的数据类型必须相同,对于 int a[3],每个元素的类型都必须为int 型。

(2) 数组长度 length 最好是整数或者常量表达式,如 10、20*4 等,这样在所有编译器下都能运行通过;如果 length 中包含变量,如 n、4*m 等,则在某些编译器下就会报错。

(3) 访问数组元素时,下标的取值范围为 0≤index<length。过大或过小都会越界,导致数组溢出,发生不可预测的情况,这点务必要注意。

(4) 数组是一个整体,它的内存是连续的,图 4.1 是 int a[4]的内存示意图。

图 4.1 int a[4]的内存示意图

2. 一维数组的引用

数组元素是组成数组的基本单元。数组元素也是一种变量,其标识方法如下:

    数组名[下标];

其中,下标只能为整型常量或整型表达式,并且不得越界。例如,a[5]、a[i+j]、a[i++]都是合法的数组元素。

数组元素通常也称为下标变量。必须先定义数组,才能使用下标变量。在 C 语言中只能逐个地使用下标变量,不能一次引用整个数组。

例如输出有 10 个元素的数组,必须使用循环语句逐个输出各下标变量:

    for(i=0; i<10; i++)   printf("%d",a[i]);

而不能用一个语句输出整个数组。下面的写法是错误的:

    printf("%d",a);

3. 一维数组的初始化

一维数组的初始化主要分为两种，一种是定义的同时初始化，另一种是先定义后初始化。前面输出矩阵的代码中是先定义数组再对数组进行初始化，定义数组的同时进行初始化的格式如下：

int a[3] = {1, 2, 3};

{ }中的值即为各元素的初值，各值之间用逗号间隔。

对数组赋初值需要注意以下几点：

(1) 可以只给部分元素赋初值。当{ }中值的个数少于元素个数时，只给前面部分元素赋值。例如：

int a[10]={1, 2, 3, 4};

表示只给 a[0]~a[3]这 4 个元素赋值，而后面 6 个元素自动赋 0 值。

当赋值的元素少于数组总体元素时，剩余的元素自动初始化为 0。对于 short、int、long 类型的数组元素，自动初始化为整数 0；对于 char 类型的数组元素，自动初始化为字符'\0'；对于 float、double 类型的数组元素，自动初始化为小数 0.0。

可以通过下面的形式将数组中的所有元素初始化为 0：

int a[10] = {0};

char c[10] = {0};

float f[10] = {0};

由于剩余的元素会自动初始化为 0，所以只需要给第 1 个元素赋 0 值即可。

以下代码为从控制台输入数据为每个元素赋值后再输出数组元素。

```c
#include <stdio.h>
int main()
{
    int a[5] = {1, 2, 3};
    int b[5], i;
    //从控制台输入数据为每个元素赋值
    for(i=0; i<5; i++)
    {
        scanf("%d", &b[i]);
    }
    //输出数组元素
    for(i=0; i<5; i++)
    {
        printf("%d   ", a[i]);
    }
    putchar('\n');
    for(i=0; i<5; i++)
    {
        printf("%d   ", b[i]);
```

```
        }
        putchar('\n');
        return 0;
    }
```

运行结果如下：

    1 2 3 4 5

    1 2 3 0 0

    1 2 3 4 5

(2) 只能给元素逐个赋值，不能给数组整体赋值。例如给 10 个元素全部赋 1 值，只能写为：

        int a[10] = {1, 1, 1, 1, 1, 1, 1, 1, 1, 1};

而不能写为：

        int a[10] = 1;

(3) 如给全部元素赋值，那么在数组定义时可以不给出数组的长度。例如：

        int a[] = {1,2,3,4,5};

等价于

        int a[5] = {1,2,3,4,5};

思考问题：如何利用数组输出一个 3*3 的整数矩阵？

【例题】

(1) 键盘输入 10 位同学的英语成绩(数据类型为 int 型)，求其中的最大值、最小值和平均值。

求最大、最小值算法：输入成绩存入长度为 10 的数组，先假设数组首元素既为最大值也为最小值，然后数组元素逐一和最大值或者最小值比较，若大于最大值，则最大值被该元素替换；若小于最小值，则最小值被该元素替换。代码实现如程序 4.1 所示。

1	#include<stdio.h>
2	int main()
3	{
4	int a[10],i,maxi,mini,sum=0;
5	for(i=0;i<10;i++)
6	{
7	printf("Please input the score of a student(integer): ");
8	scanf("%d",&a[i]);
9	}
10	maxi=mini=a[0]; //假设数组首元素为最大和最小值
11	for(i=0;i<10;i++)
12	{
13	sum+=a[i];
14	if(a[i]>maxi)maxi=a[i];

15	if(a[i]<mini)mini=a[i];
16	}
17	printf("maxi=%d mini=%d\n",maxi,mini);
18	printf("aver=%f",(float)sum/10);
19	return 0;
20	}

程序 4.1

(2) 已知 10 位同学的英语成绩分别为 90，61，92，79，45，67，86，95，63，79，用"冒泡排序法"对此成绩由小到大排序。

算法："冒泡排序法"的思路是将数组中所有相邻的元素(假设一共有 N 个元素)逐一进行两两相比较，若不符合先小后大的顺序，则交换这两个元素。

① 第一趟：经过 N−1 次比较后，将最小值交换到最前位置。

② 第二趟：对剩下的 N−1 个元素，再两两进行比较，按同样的规则交换它们的位置，经过 N−2 次比较后，将次最小值交换到次前位置。

③ 以此类推，将整个数组所有的元素反复运用两两比较法进行比较交换，总共需要 N−1 趟，就可以把所有元素按从小到大的顺序排序。

代码实现如程序 4.2 所示。

1	#include<stdio.h>
2	int main()
3	{
4	int a[10]={90,61,92,79,45,67,86,95,63,79};
5	int i,j,temp;
6	for(i=0;i<9;i++) //一共要比较 9 趟
7	for(j=0;j<9-i;j++)
8	if(a[j]>a[j+1])
9	{
10	temp=a[j];
11	a[j]=a[j+1];
12	a[j+1]=temp;
13	}
14	for(i=0;i<10;i++)
15	printf("%d ",a[i]);
16	return 0;
17	}

程序 4.2

◇ 【实验习题】

(1) 将两个一维数组中的对应元素的值相加后显示出来。

(2) 将一个一维数组中的元素逆转。逆转是指将程序中的第一个元素与最后一个元素进行交换，第二个元素与倒数第二个元素进行交换，以此类推，直到数组的中间一个元素为止。

(3) 从键盘输入 n 个实数(n 由键盘输入)并将其存放到一个一维数组中，按降序排列数组元素后，从键盘读入一个待插入的实数，将其插入到数组中合适的位置。

4.2 二维数组

◇【本节要求】

(1) 掌握二维数组的概念。

(2) 掌握二维数组的引用。

(3) 掌握二维数组的初始化。

◇【相关知识点】

1. 二维数组的概念

4.1 节讲解的数组可以看做是一行连续的数据，只有一个下标，称为一维数组。在实际问题中有很多数据是二维的或多维的，因此需要构造多维数组。多维数组元素有多个下标，以确定它在数组中的位置。本节只介绍二维数组，多维数组可由二维数组类推而得到。二维数组定义的一般形式是：

dataType arrayName[length1][length2];

其中，dataType 为数据类型，arrayName 为数组名，length1 为第一维下标的长度，length2 为第二维下标的长度。例如，int a[2][3]定义了一个 2 行 3 列的数组，共有 $2*3 = 6$ 个元素，数组名为 a，即：

a[0][0], a[0][1], a[0][2]

a[1][0], a[1][1], a[1][2]

在二维数组中，要定位一个元素，必须给出一维下标和二维下标，就像在一个平面中确定一个点，需要知道 x 坐标和 y 坐标。例如，a[2][3]表示 a 数组第 3 行第 4 列的元素。二维数组在概念上是二维的，但在内存中的地址是连续的，也就是说各个元素是相互挨着的。在线性内存中存放二维数组有两种方式：一种是按行排列，即放完一行之后再放入第二行；另一种是按列排列，即放完一列之后再放入第二列。

在 C 语言中，二维数组是按行排列的，即先存放 a[0]行，再存放 a[1]行，最后存放 a[2]行；每行中的 3 个元素也是依次存放。数组 a 为 int 类型，每个元素占用 4 个字节，整个数组共占用 $4*(2*3) = 24$ 个字节。

2. 二维数组的引用

二维数组的元素也称为双下标变量，其表示形式为：

数组名[下标][下标];

其中，下标应为整型常量或整型表达式。

下标变量和数组说明在形式上有些相似，但这两者具有完全不同的含义。数组说明的方括号中给出的是某一维的长度，即可取下标的最大值；而数组元素中的下标是该元素在数组中的位置标识。数组说明只能是常量，而下标变量可以是常量、变量或表达式。

3. 二维数组的初始化

二维数组的初始化可以按行分段赋值，也可以按行连续赋值。例如对数组 a[5][3]，按行分段赋值可写为：

   int a[5][3]={ {80,75,92}, {61,65,71}, {59,63,70}, {85,87,90}, {76,77,85} };

按行连续赋值可写为：

   int a[5][3]={80, 75, 92, 61, 65, 71, 59, 63, 70, 85, 87, 90, 76, 77, 85};

这两种赋初值的结果是完全相同的。

对于二维数组初始化赋值还有以下说明：

(1) 可以只对部分元素赋初值，未赋初值的元素自动取 0 值。例如：

   int a[3][3]={{1},{2},{3}};

是对每一行的第一列元素赋值，未赋值的元素取 0 值。赋值后各元素的值为：

   1 0 0

   2 0 0

   3 0 0

再如：

   int a [3][3]={{0,1},{0,0,2},{3}};

赋值后各元素的值为：

   0 1 0

   0 0 2

   3 0 0

(2) 如对全部元素赋初值，则第一维的长度可以不给出。例如：

   int a[3][3]={1,2,3,4,5,6,7,8,9};

可以写为：

   int a[][3]={1,2,3,4,5,6,7,8,9};

(3) 二维数组可以看做是由一维数组嵌套而成的，把一维数组的每个元素看做一个数组，就组成了二维数组，前提是各元素的类型必须相同。根据这样的分析，一个二维数组也可以分解为多个一维数组，C 语言允许这种分解。

如二维数组 a[3][4]，可分解为 3 个一维数组，其数组名分别为 a[0]、a[1]、a[2]，对这 3 个一维数组不需另作说明即可使用。这 3 个一维数组都有 4 个元素，如一维数组 a[0] 的元素为 a[0][0]、a[0][1]、a[0][2]、a[0][3]。必须强调的是，a[0]、a[1]、a[2] 不能当下标变量使用，它们是数组名，不是下标变量。

【例题】

(1) 输入并运行程序 4.3，该程序为求 5 个学生 3 门课各科的平均分和总成绩平均分。

1	#include <stdio.h>
2	int main()
3	{
4	int i, j;　　　　//二维数组下标

5	int sum=0; //当前科目的总成绩
6	int average; //总平均分
7	int v[3]; //各科平均分
8	int a[5][3]={ {80,75,92}, {61,65,71}, {59,63,70}, {85,87,90}, {76,77,85} };
9	for(i=0; i<3; i++)
10	{
11	for(j=0; j<5; j++)
12	{
13	sum+=a[j][i]; //计算当前科目的总成绩
14	}
15	v[i]=sum/5; //当前科目的平均分
16	sum=0;
17	}
18	average =(v[0]+v[1]+v[2])/3;
19	printf("Math: %d\nC Languag: %d\nEnglish: %d\n", v[0], v[1], v[2]);
20	printf("Total:%d\n", average);
21	return 0;
22	}

程序 4.3

程序分析：本程序利用一个双层 for 循环将每科学生的分数逐个累加到 sum 变量中，将每科的总分 sum 除以学生数目得到每科的平均分；再将每科的平均分存入变量 v[i]中，每科平均分相加并除以科目数得到总平均分并存入变量 average 中。

(2) 一个学习小组有 5 个人，每个人有 3 门课的考试成绩。求全组分科的平均成绩和各科总平均成绩。可设一个二维数组 a[5][3]存放 5 个人 3 门课的成绩，再设一个一维数组 v[3]存放所求得各分科的平均成绩，设变量 average 为全组各科总平均成绩。代码实现如程序 4.4 所示。

1	#include <stdio.h>
2	int main()
3	{
4	int i, j; //二维数组下标
5	int sum=0; //当前科目的总成绩
6	int average; //总平均分
7	int v[3]; //各科平均分
8	int a[5][3]; //用来保存每个同学各科成绩的二维数组
9	printf("Input score:\n");
10	for(i=0; i<3; i++)
11	{

12	for(j=0; j<5; j++)
13	{
14	scanf("%d", &a[j][i]);　　//输入每个同学的各科成绩
15	sum+=a[j][i];　　　　　//计算当前科目的总成绩
16	}
17	v[i]=sum/5;　　　　　　　//当前科目的平均分
18	sum=0;
19	}
20	average =(v[0]+v[1]+v[2])/3;
21	printf("Math: %d\nC Languag: %d\nEnglish: %d\n", v[0], v[1], v[2]);
22	printf("Total:%d\n", average);
23	return 0;
24	}

程序 4.4

程序分析如下：本程序与程序 4.3 的不同之处在于数组的初始化方式。程序 4.3 是在定义数组的同时完成了初始化，本程序是利用一个双层 for 循环逐行为二维数组元素初始化，其他操作同程序 4.3。

◇【实验习题】

(1) 单步调试程序 4.5，在 watches 窗口中观察数组 b 各元素的值并记录，再找出错误并改正。

1	# include <stdio.h>
2	int main()
3	{
4	int a[4][3]={29,52,9,18,35,8,29,54,9,20,50,9};
5	int i,j,b[3][4];
6	for(i=0 ; i<4 ; i++)
7	for(j=0 ; j<3 ; j++)
8	b[i][j]=a[j][i];
9	for(i=0 ; i<3 ; i++)
10	for(j=0 ; j<4 ; j++)
11	printf("　%d",b[i][j]);
12	printf("\n");
13	return 0;
14	}

程序 4.5

(2) 在 4 行 5 列的二维数组中找出第一次出现的负数，该数组如下。

2	2	3	4	3
7	−7	8	11	10
5	12	6	1	15
8	10	−9	19	3

(3) 求下面 5*5 矩阵的所有行之和、列之和、两条对角线上的元素之和。

1	2	3	4	5
6	7	8	9	10
11	12	13	14	15
16	17	18	19	20
21	22	23	24	25

(4) 将任意一个二维数组行和列元素互换后存到另一个二维数组中。

(5) 编写程序，计算一个 3*4 阶矩阵和一个 4*3 阶矩阵相乘，并打印出结果。

第5章 函数初步

5.1 函数定义与调用

◇【本节要求】

(1) 掌握函数定义的语法、形参定义的语法。

(2) 掌握函数的调用、返回值类型的定义、函数的声明。

◇【相关知识点】

前面的章节中已经接触过一些简单的函数,比如主程序函数 main、标准输入输出函数 scanf 和 printf。在 C 语言程序设计中,多数功能都是依靠函数来实现的。本章将对函数的定义和调用进行详细的讲解。

1. 使用函数的优点

假设有一个赛车游戏程序,程序在运行的过程中,要不断地进行换挡操作。换挡操作需要编写 200 行代码,也就是说每次换挡操作的时候都要在程序相应的地方编写 200 行代码,这样不仅会使程序代码变得非常多,还会造成阅读不方便。为了解决代码重复编写的问题,在 C 语言程序设计中,可以将换挡操作的代码提取出来,并为这段代码起个名字。赛车每次换挡时,可通过这个名字来调用换挡操作的代码。提取出来的赛车换挡操作代码可以看做是程序中定义的一个函数。由此可见,使用函数既可以提高代码的重用性,使程序变得简短、清晰;也可以提高程序开发的效率,有利于程序的安全和维护。使用函数的优点如图 5.1 所示。

图 5.1 使用函数的优点

2. 函数的定义

C 语言程序设计中用到的函数必须先定义才能使用。C 语言程序一般包括一个 main 函数和若干个其他函数。main 函数负责调用其他函数,同一个函数可以被一个或多个函数调用,次数不受限制,但其他函数不能调用 main 函数,因为 main 函数是由系统定义的。函数定义应包括以下几个内容:

(1) 定义函数的名字,方便函数按名字调用。

(2) 定义函数的类型,即函数返回值的类型。

(3) 定义函数的参数名字和类型,以便调用函数时向它们传递数据。

(4) 设计函数功能,即函数是做什么的。

函数定义分为有参函数的定义和无参函数的定义。

(1) 有参函数的定义形式为:

　　　函数类型　　函数名(形式参数列表)
　　　{
　　　　　函数体(包括声明部分和语句部分);
　　　}
　　　(形式参数列表) = (变量类型 1 变量名 1,变量类型 2 变量名 2,…)

(2) 无参函数的定义形式为:

　　　函数类型　　函数名([void])
　　　{
　　　　　函数体(包括声明部分和语句部分);
　　　}

说明:在函数的调用中,如果函数有返回值,则返回值类型必须与函数的类型一致;如果函数没有返回值,则函数类型用 void 类型或者留空。

3. 函数返回值

return 语句的一般形式为:

　　　return 表达式;

或

　　　return (表达式);

(1) 函数返回值是通过 return 语句来实现的,把函数的值返回给主调函数。函数的返回值就是指函数被调用之后执行函数体中的程序所取得的值。

(2) 表达式的值与函数的类型需保持一致;函数的类型决定返回值的类型;如果没有指定函数的类型,默认为 int 类型。return 语句的作用是结束被调函数,返回到主调函数,并给主调函数带回一个确定的值。

4. 函数调用

函数调用的一般形式为:

　　　函数名(参数 1,参数 2,…);

　　　　　实际参数列表

(1) 实际参数列表中的实际参数(实参)应与形式参数列表中的形式参数(形参)一一对应，即个数相等且对应参数的数据类型相同。

(2) 无参函数调用时实际参数列表的内容可省略，但()不能少，因为()起到了表示函数调用的重要作用，即使没有参数也需要()。

(3) 如果函数的返回值为 void，则说明该函数没有返回值。

(4) 函数调用的 3 种方式如表 5.1 所示。

表 5.1　函数调用方式

函数调用方式	举　　例
函数调用语句：只要求完成一定的操作，没有返回值	程序 5.1 中：printfStar();
函数表达式：函数出现在一个表达式中，这种表达式称为函数表达式	程序 5.1 中：z=max(x，y); 此时 max(x，y)相当于一个整型变量
函数参数：函数的调用作为函数的参数	程序 5.1 中：z= max(x，max(m，n)) 此时 max(x，y)相当于一个整型变量，与 x 类似

5. 函数声明

函数声明的一般形式为：

方法 1：函数类型　函数名(参数类型 1　参数名 1，参数类型 2　参数名 2，…，参数类型 n 参数名 n)

方法 2：函数类型　函数名(参数类型 1，参数类型 2，…，参数类型 n)

函数声明方法如表 5.2 所示。

表 5.2　函数声明方法

函数声明方法	举　　例	说　　明
函数声明方法 1	void　printfStar(); int　max(int a,int b);	对 printfStar 函数的声明 对 max 函数的声明
函数声明方法 2	void　printfStar(); int　max(int ,int);	对 printfStar 函数的声明 对 max 函数的声明

如果函数定义在先，调用在后，调用前不必声明；如果函数定义在后，调用在先，调用前必须声明。函数声明就是把函数的名字、函数类型以及形参类型、个数和顺序通知编译系统，以便在调用该函数时查看函数名是否正确，实参与形参的类型和个数是否一致。很明显，函数的声明就是函数的首部加一个分号，而函数的首部也称为函数原型。

【例题】

定义一个函数，输出两个整数中的最大者。代码实现如程序 5.1 所示。

1	#include <stdio.h>	//引用头文件
2	void printfStar()	//定义 printfStar 函数，无返回值
3	{	

4	printf("*********************************\n");	
5		//打印输出字符串"*"
6	}	
7	int max(int a,int b)	//定义返回值为整型的 max 函数，有两个形参
8	{	
9	int c;	//定义变量 c
10	c=a>b?a:b;	//把两个整数中最大者赋给变量 c
11	return(c);	//把 c 作为 max 函数值返回给 main 函数
12	}	
13	int main()	
14	{	
15	void printfStar();	//对 printfStar 函数的声明
16	int max(int a,int b);	//对 max 函数的声明
17	int x,y,z;	
18	printf("Please input two integer number:") ;	
19	scanf("%d%d",&x,&y);	//输入两个整数
20	z=max(x,y);	//调用 max 函数，将最大值赋给变量 z
21	printfStar();	//调用函数 printfStar 打印输出字符串 "*"
22	printf("The max number is:%d\n",z);	//输出最大值
23	return 0;	
24	}	

程序 5.1

程序 5.1 的运行结果如图 5.2 所示。

```
Please input two integer number:88 99
xxxxxxxxxxxxxxxxxxxxxxxxxxxxxxxxxxxxxx
The max number is:99
```

图 5.2　求最大值程序运行结果

程序分析：程序 5.1 中用户自定义了两类函数，即无参函数和有参函数，其对比结果如表 5.3 所示。

表 5.3　无参函数和有参函数

函数类型说明	举　　例

函数类型　函数名([void])
{
　　函数体；
}
	void printfStar()
	{
	　　printf("*********************************\n");
	}

续表

函数类型说明	举 例

函数类型　函数名(形式参数列表)
{
　　函数体(包括声明部分和语句部分);
}
	int max(int a,int b)
	{
	　　int c;
	　　c=a>b?a:b;
	　　return(c);
	}

程序 5.1 的最大值求解函数调用过程示意图如图 5.3 所示。

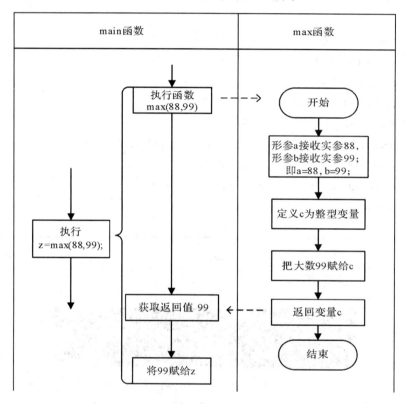

图 5.3　最大值求解函数调用过程示意图

程序 5.1 的 max 函数有返回值，图 5.4 为返回值为空的函数有 return 语句的错误案例。

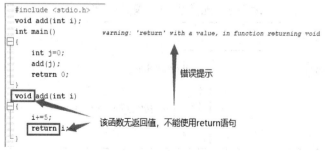

图 5.4　错误案例

◇【实验习题】

(1) 求三角形面积。定义一个函数，计算机三角形面积 S=L*H/2(L：边长，H：高)。主函数调用这个函数，边长和高由键盘输入。描述解题方法，根据解题方法写出相应的程序，并给出运行结果。

(2) 求两个整数之间所有整数累加的和。定义一个函数，例如求 10～20 之间所有整数累加的和。主函数调用这个函数，并输出结果，两个整数由键盘输入。描述解题方法，根据解题方法写出相应的程序，并给出运行结果。

(3) 判断输入密码是否正确。定义一个函数，提前预设密码，如果输入密码正确，则显示"欢迎使用程序!"；如果密码错误，允许输入 3 次，3 次输入不正确后，则显示"密码错误，禁止使用本程序!"，并退出程序。主函数调用这个函数，密码由键盘输入。描述解题方法，根据解题方法写出相应的程序，并给出运行结果。

5.2 函数嵌套调用与变量

◇【本节要求】

(1) 掌握函数的嵌套调用。

(2) 掌握局部变量和全局变量。

◇【相关知识点】

1. 函数的嵌套调用

C 语言的函数定义都是互相平行、独立的。C 语言不能嵌套定义函数，但可以嵌套调用函数，即在调用一个函数的过程中，又调用另一个函数。如图 5.5 所示，main 函数中需要使用 A 函数完成某些功能运算，由于 A 函数不能在 main 函数中定义，因此 A 函数需要在 main 函数的外部定义。同理，A 函数中需要使用 A1 函数完成某些功能运算，由于 A1 函数不能在 A 函数中定义，因此 A1 函数需要在 A 函数的外部定义。图 5.5 中 main 函数、A 函数和 A1 函数是并列关系。

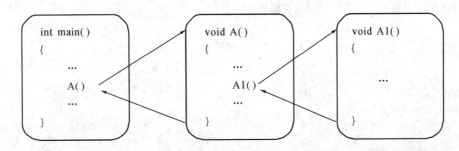

图 5.5　函数嵌套调用示意图

2. 局部变量与全局变量

1) 局部变量

局部变量就是在函数内部或者块内定义的变量。局部变量只在它的函数内部有效，其定义如图 5.6 所示。

```
    int func1(int x,int y)            //定义 func1 函数
    {
        double a,b;                  //变量 a，b，x，y 只在 func1 函数内有效
        ...
    }

    int main()
    {
        int s,t;                     //变量 s，t 只在 main 函数内有效
        ...
    }
```

图 5.6　局部变量

(1) main 函数中定义的变量(s，t)只在 main 函数中有效，在其他函数中无效。

(2) 不同函数中可以使用相同的变量名，它们相互独立，互不干扰。

(3) 形参也是局部变量。

(4) 在一个函数内部，可以在复合语句中定义变量，这些变量只在本复合语句中有效。

2) 全局变量

在函数之外定义的变量称为全局变量，又称外部变量。全局变量的定义如图 5.7 所示。

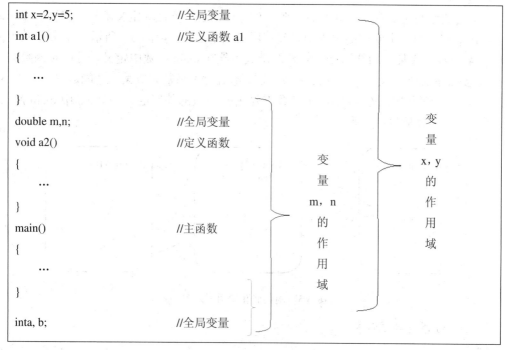

图 5.7　全局变量

当局部变量与全局变量同名时，在局部变量的作用范围内，全局变量不起作用，即局

部变量优先。在实际应用中，建议非必要时不要使用全局变量。

3. 变量的存储类型

在 C 语言中，变量的存储类型有：自动变量(auto 变量)、静态局部变量(static 局部变量)、寄存器变量(register 变量)和外部变量(extern 变量)。不同的存储类型直接影响着变量在函数中的作用域与生存期。

【例题】

(1) 输入 4 个数，找出其中最大的数。代码实现如程序 5.2 所示。

```
1    #include <stdio.h>
2    int main()
3    {
4         int max(int a,int b);                         //声明 max 函数
5         int h,j,k,l;
6         printf("Please input 4 numbers: ");
7         scanf("%d%d%d%d",&h,&j,&k,&l);                 //输入 4 个整数
8         printf("--------------------------------\n");
9         printf("The max is:%d\n",max(h,max(j,max(k,l)))); //函数的嵌套调用
10        return 0;
11   }
12   int max(int a,int b)                               //定义 max 函数，求最大值
13   {
14        return a>b?a:b;
15   }
```

程序 5.2

程序 5.2 的运行结果如图 5.8 所示。

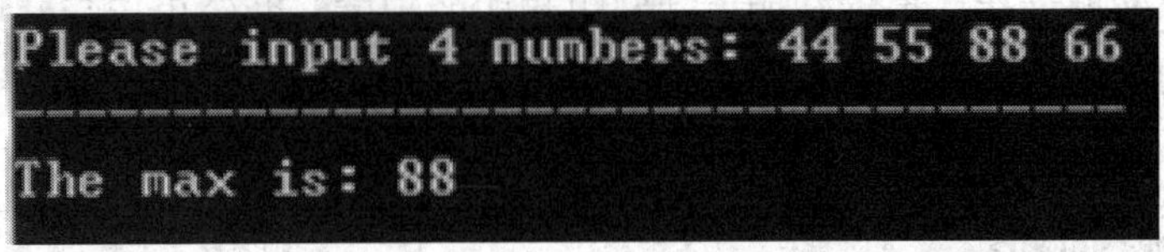

图 5.8　程序 5.2 的运行结果

(2) 求一个等差数列的第 10 个数的值。等差数列的差值为 5，第一个数是 1。代码实现如程序 5.3 所示。

```
1    #include <stdio.h>
2    int a(int i);
3    int main()
4    {
5         int n=0;
6         printf("输入第几个数: ");
```

7	scanf("%d",&n);
8	printf("这个数是：%d\n",a(n));
9	return 0;
10	}
11	int a(int i)
12	{
13	int k=0;
14	if(i==1)
15	k=1;
16	else
17	k=a(i-1)+5;
18	return k;
19	}

程序 5.3

程序 5.3 的运行结果如图 5.9 所示。

图 5.9　程序 5.3 的运行结果

◇【实验习题】

(1) 编写一个函数，将 3 个数按由小到大的顺序排列并输出。定义一个函数，主函数调用这个函数，并输出结果，3 个数由键盘输入。描述解题方法，根据解题方法写出相应的程序，并给出运行结果。

(2) 编写一个嵌套函数，求 3^6+6^3 的值。定义一个嵌套函数，主函数调用这个函数，并输出结果。描述解题方法，根据解题方法写出相应的程序，并给出运行结果。

(3) 阅读程序 5.4，写出运行结果，并上机调试进行验证。此外，指出程序中的全局变量、局部变量、静态存储变量以及动态存储变量。

1	#include<stdio.h>
2	int y=10 ;
3	int main()
4	{
5	int func1 (int y);
6	int j=2, k, i ;
7	for(i=0;i<=1;i++)
8	{
9	k=fun1c (j) ;
10	printf("%d\n",k) ;

11	}
12	}
13	int func1 (int y)
14	{
15	static int x=3 ;
16	x*=y ;
17	return(x) ;
18	}

程序 5.4

5.3 C 语言的库函数

◇【本节要求】

(1) 了解常用的 C 语言库函数的功能及用法。

(2) 掌握查询 C 语言库函数的方法。

◇【相关知识点】

1. 库函数的定义

库函数(library function)是把函数放到库里，以供用户使用。C 语言的库函数一般是指编译器提供的可在 C 语言源程序中调用的函数。C 语言的库函数可分为两类，一类是 C 语言标准规定的库函数，一类是编译器特定的库函数。

C 语言的库函数并不是 C 语言本身的一部分，它是由编译程序根据一般用户的需要，编制并提供用户使用的一组程序。C 语言的库函数极大地方便了用户，同时也弥补了 C 语言本身的不足。在编写 C 语言程序时，使用库函数既可以提高程序的运行效率，又可以提高编程的质量。例如，C 语言的语句中没有提供直接计算正弦(sin)函数或余弦(cos)函数的语句，但是函数库提供了 sin 函数和 cos 函数，可以直接调用；又如 C 语言中没有显示文字的语句，但是库函数 printf 可以用来显示文字。

由于版权原因，库函数的源代码一般是不可见的，但在头文件中可以看到它对外的接口库函数的介绍，由此可以获得该函数明确的功能、入口调用参数和返回值。

2. 库函数的使用

头文件(header files)有时也称为包含文件，以 ".h" 为后缀。头文件是 C 语言库函数与用户程序之间进行信息通信时要使用的数据和变量。最重要的是，头文件中包含了用户要使用的库函数的声明。因此，在使用某一库函数时，都要在程序中增加该函数对应的头文件。由于不同版本的 C 语言具有不同的库函数，用户使用时应查阅有关版本的 C 语言库函数参考手册。

在程序中增加头文件的操作需要用 "#include< >" 语句(尖括号内填写文件名)，例如 #include<math.h>，这样就可以在程序中调用数学库函数中的函数了。

3. 常用的库函数

常用的库函数如表 5.4 所示。

表 5.4　常用的库函数

头文件	基 本 介 绍
<math.h>	常用数学函数
<stdio.h>	输入/输出函数
<stdlib.h>	基础工具：内存管理、程序工具、字符串转换、随机数
<string.h>	字符串处理函数
<time.h>	时间/日期工具

1) 常用的基础工具函数(定义于< stdlib.h>)

常用的基础工具函数如表 5.5 所示。

表 5.5　常用的基础工具函数

实现的功能	函数调用的形式	用 法	返 回 值
为随机数发生器初始化	srand(unsigned seed)	随机数发生器的初始化函数	无返回值
产生伪随机整数	rand()	产生 0～32 767 之间的随机整数	返回随机整数
计算整数的绝对值	abs(int n)	计算整数 n 的绝对值	返回正整数
分配未初始化内存	malloc(size)	分配 size 字节的未初始化内存	返回指向新分配内存的指针
释放已分配的内存	free(void* ptr)	释放 ptr 指向的内存空间	无返回值

C 语言中，rand 函数不是真正的随机数发生器，在产生随机数前，需要系统提供生成伪随机数序列的种子，rand 函数根据这个种子的值产生一系列随机数。如果系统提供的种子没有变化，每次调用 rand 函数生成的伪随机数序列都是一样的。而 srand(unsigned seed) 函数通过参数 seed 改变系统提供的种子值，使得每次调用 rand 函数生成的伪随机数序列不同，从而实现真正意义上的"随机"。通常可以利用系统时间来改变系统的种子值，即 srand((unsigned)time(NULL))(NULL 为空指针)，可以为 rand 函数提供不同的种子值，进而产生不同的随机数序列。srand 函数的具体用法如表 5.6 所示。

表 5.6　srand 函数的用法

序号	srand 函数的用法	说 明
1	srand(1)	直接使用 1 来初始化种子
2	srand((unsigned)time(&t))	使用指针初始化种子
3	srand((unsigned)time(NULL))	直接传入一个空指针(NULL)初始化种子

为了避免伪随机序列的产生，通常用 srand((unsigned)time(0)) 或者 srand((unsigned)time(NULL)) 来产生种子。如果仍然觉得时间间隔太小，产生的随机数波动幅度太小，可以在 (unsigned)time(0) 或 者 (unsigned)time(NULL) 后面乘上某个合适的整数。例如，srand((unsigned)time(NULL)*10)。

2) 数学库函数(定义于<math.h>)

数学库函数如表 5.7 所示。

表 5.7 数 学 库 函 数

实现的功能	函数调用的形式	用 法	返 回 值
计算某浮点数的平方根	sqrt(double n)	计算双精度浮点数 n 的平方根	返回浮点型数
计算浮点数的幂	pow(double n, double e)	计算 n 的 e 次幂	返回浮点型数
正弦函数计算	sin(double n)	计算 n(以弧度度量)的正弦	返回浮点型数
余弦函数计算	cos(double n)	计算 n(以弧度度量)的余弦	返回浮点型数
正切函数计算	tan(double n)	计算 n(以弧度度量)的正切	返回浮点型数

3) 输入/输出函数库(定义于<stdio.h>)

输入/输出函数如表 5.8 所示。

表 5.8 输入/输出函数

实现的功能	函数调用的形式	用 法	返 回 值
打开文件	FILE *fopen(char *filename, char *mode)	以 mode 指定的方式打开名为 filename 的文件	成功,则返回一个文件指针,否则返回 0
关闭文件	int fclose(FILE *fp)	关闭 fp 所指的文件,释放文件缓冲区	关闭成功返回 0,不成功返回非 0
读取一个字符	int getchar()	从标准输入设备中读取下一个字符	返回字符,若文件出错或结束返回 −1
输入数据	int scanf(char *format, args, …)	从标准输入设备按 format 指定的字符串格式,输入数据给 args 所指示的单元。args 为指针	读入并赋给 args 数据的个数。如文件结束返回 EOF,若出错返回 0
输出字符	int fprintf(FILE *fp, char *format, args, …)	把 args 的值以 format 指定的格式输出到 fp 所指的文件中	实际输出的字符数

4) 时间/日期工具库(定义于<time.h>)

时间/日期函数如表 5.9 所示。

表 5.9 时间/日期函数

实现的功能	函数调用的形式	用 法	返 回 值
查找当前日历时间	time(time_t *arg)	查找当前日历时间,存储于 arg 指向的 time_t 对象(arg 为非空指针)	返回编码成 time_t 对象的当前日历时间
时间格式	time_t	从 1970 年 1 月 1 日 00:00 开始的整数值	—

5) 字符串库(定义于<string.h>)

字符串函数如表 5.10 所示。

表 5.10　字符串函数

实现的功能	函数调用的形式	用　　　法	返　回　值
复制字符串	char *strcpy(char *str1, char *str2)	把 str2 指向的字符串复制到 str1 中去	返回 str1
连接字符串	char *strcat(char *str1, char *str2)	把字符串 str2 接到 str1 后面,取消原来 str1 最后面的串结束符 "\0"	返回 str1
比较字符串	int *strcmp(char *str1, char *str2)	比较字符串 str1 和 str2	若 str1<str2,为负数 若 str1=str2,为 0 若 str1>str2,为正数
查找字符串	char *strstr(char *str1,*str2)	寻找 str2 指向的字符串在 str1 指向的字符串中首次出现的位置	返回str2指向的字符串首次出现的地址,否则返回 NULL

【例题】

(1) 使用 C 语言提供的库函数随机输出 10 个整数,代码实现如程序 5.5 所示。

```
1   #include <stdio.h>
2   #include <stdlib.h>                //用到了 srand 函数和 rand 函数
3   #include <time.h>                  //用到了 time 函数
4   int main()
5   {
6       srand((unsigned)time(NULL));   //使用传入空指针初始化种子
7       for(int i=0;i<10;i++)          //打印 10 个随机整数
8       {
9           printf("第 %d 个数是 %d\n",i+1,rand());
10      }
11      return 0;
12  }
```

程序 5.5

程序 5.5 的运行结果如图 5.10 所示。

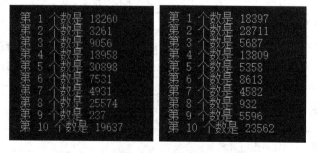

图 5.10　程序 5.5 两次运行结果对比图

将程序 5.5 的第 6 行语句注释后的运行结果如图 5.11 所示。

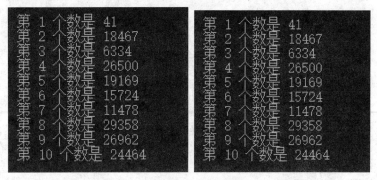

图 5.11 注释第 6 行语句后程序 5.5 两次运行结果对比图

程序分析：如果在第一次调用 rand 函数之前没有调用 srand 函数，那么系统会自动调用 srand 函数，从而导致每次生成相同的随机数序列。srand((unsigned) time(NULL))通过改变系统提供的种子值，可以使得每次调用 rand 函数生成的伪随机数序列不同。

(2) 使用 C 语言提供的库函数计算 100 和 2 的平方根，代码实现如程序 5.6 所示。

```
1    #include <stdio.h>
2    #include <math.h>
3    int main()
4    {
5        printf("\n");
6        printf("\tsqrt(100) = %f\n", sqrt(100));
7        printf("\tsqrt(2) = %f\n", sqrt(2));
8    }
```

程序 5.6

程序 5.6 的运行结果如图 5.12 所示。

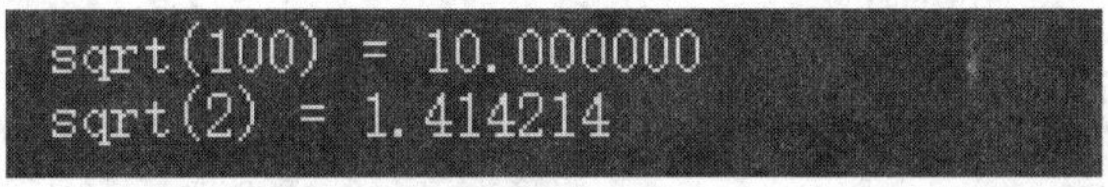

```
sqrt(100) = 10.000000
sqrt(2) = 1.414214
```

图 5.12 程序 5.6 的运行结果

◇【实验习题】

(1) 计算三角形的面积。给定任意三角形的两边及其夹角，利用库函数计算三角形的面积。描述解题方法，根据解题方法写出相应的程序，并给出运行结果。

(2) 生成 30 个 100 以内的随机数。定义一个函数，产生 30 个 0～100 的随机整数，并且每输出 10 个数换行，主函数调用该函数。描述解题方法，根据解题方法写出相应的程序，并给出运行结果。

第6章 指针初步

计算机需要访问的数据都是存放在存储器中的，一般把存储器中的一个字节空间称为一个存储单元。存储单元都有自己的编号，根据编号即可准确地访问对应的存储单元。这个存储单元的编号叫做地址，也称之为指针。

在 C 语言中，存在着存放指针(地址)的变量，这种变量称为指针变量。因此，指针变量的值就是某个存储单元的地址。注意：存储单元的指针(地址)和存储单元的内容(值)是两个不同的概念。

指针变量的值可以是变量的地址，也可以是数组或函数的地址。因为数组或函数的内容在内存当中都是连续存放的，因此通过访问指针变量取得数组或函数的首地址，也就找到了该数组或函数。通过指针变量来访问数组或者函数会使程序更加清晰、简洁。

6.1   指针变量的定义和引用

◇【本节要求】

掌握指针变量的定义及引用方法。

◇【相关知识点】

1. 指针变量的定义

指针变量定义的一般形式为：

      类型名   *变量名；

该定义包含以下 3 个内容：

(1) 变量名前的"*"说明定义的变量为一个指针变量。

(2) 指针变量名。

(3) 类型名说明指针变量的值所指向的数据类型或数据结构。

例如 int *p   定义了一个指针变量 p，用以指向 int 型的数据。

2. 指针变量的引用

1) 给指针变量赋值

给指针变量赋值如下。

      int a=10,*p;   //定义了一个值为 10 的 int 型变量 a，并定义了一个 int 型指针变量 p

      p=&a;   //变量 a 的地址赋给指针变量 p

指针变量 p 中存放了变量 a 的地址，因此 p 指向了 int 型变量 a。其中，"&"为取地址运算符，"&a"表示取 a 的地址，用逻辑图表示如图 6.1 所示。

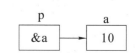

图 6.1   指针变量赋值逻辑图

可以在定义指针变量的同时赋初值，以上两条语句也可以合成一条语句：

  int a=10,*p=&a;

注意，定义指针变量的类型一定要和其所指向的变量类型保持一致。如：

  char a; //定义 char 型变量 a

  int *p; //定义 int 型指针变量 p

  p=&a; //int 型指针变量 p 指向 char 型变量 a

其中，变量 a 为 char 型，指针变量 p 为 int 型，两者不一致，应改为一致。

此外，也可以给指针变量赋值为空(NULL)，使其不指向任何变量，类似给变量赋初值为 0。如：

  int a=10, *p=NULL; //定义了一个值为 10 的 int 型变量 a，并定义了一个值为空的 int 型指针变量 p

  p=&a; //int 型指针变量 p 指向 int 型变量 a

2) 取内容运算

指针运算符"*"也称取内容运算符，用于获取地址对应的存储单元的内容。如果已执行 p=&a，则对指针变量 p 进行取内容运算可以读写其所指向的变量 a 的值，相对于通过变量名的"直接访问"方式，此种方法叫"间接访问"。如：

  int a=10,*p; //定义了一个值为 10 的 int 型变量 a，并定义了一个 int 型指针变量 p

  p=&a; //变量 a 的地址赋给指针变量 p

  printf("%d",*p); //输出变量 a 的值，此处*p 不是指针，其表示 p 所指向的变量 a 的值

  *p=11; //把 11 赋给变量 a

注意：

(1) 一个指针变量必须先和一个特定的地址相连，才能使用取内容运算符"*"，否则程序将用随机值作地址。

(2) 取内容运算与取地址运算实质上是一对互逆运算，* (&a)就是 a，& (*p)就是 p，在 p 指向 a 的前提下，*p 与 a 等价。

【例题】

(1) 比较程序 6.1 和程序 6.2 的运行结果。

1	#include <stdio.h>
2	int main()
3	{
4	int a , b , c ;
5	a=5 ;
6	b=10 ;
7	c=a+b;
8	printf("%d,%d,%d", a,b,c);
9	return 0;
10	}

程序 6.1

```
1    #include <stdio.h>
2    int main()
3    {
4        int a ,b , c, *pc ;          //定义了 int 型变量 a、b、c 和 int 型指针变量 pc
5        a=5 ;
6        b=10 ;
7        pc=&c;                       //变量 c 的地址赋给指针变量 pc
8        c=a+b;
9        printf("%d,%d,%d", a,b,*pc);          //*pc 代表其所指向的变量 c
10       return 0;
11   }
```

程序 6.2

通过运行程序 6.1 和程序 6.2，可以看到这两个程序的运行结果均为 5，10，15。但是这两个程序对变量 c 的访问方式是不一样的，程序 6.1 是直接访问变量 c，程序 6.2 是通过指针变量 pc 去间接地访问变量 c。

(2) 找出程序 6.3 的错误，改正后编译运行，通过运行结果来验证改正是否正确，并且说明错误的原因。

```
1    #include <stdio.h>
2    int main()
3    {
4        int *p,*q,a,b;
5        p=&a;
6        printf("input a: ");
7        scanf("%d",*p);
8        printf("%d",*p);
9        return 0;
10   }
```

程序 6.3

程序分析：程序 6.3 的错误是在第 7 行，scanf 函数的调用格式见本书 1.4 节，但是第 7 行中*p 表示的是指针变量 p 所指向的变量 a 的内容，不是一个地址，所以程序运行时会出错。修改的方法为把 *p 改成 p，即第 7 行改为：

```
scanf("%d", p);
```

因为第 5 行为 "p=&a"，所以 p 是一个地址，满足 scanf 函数的格式要求。

(3) 用指针法输入 3 个数，并从小到大排列输出，代码实现如程序 6.4 所示。

```
1    #include <stdio.h>
2    int main()
3    {
4        int i,j,k,temp;
5        int *pi,*pj,*pk;
6        printf("Please input three integers separated by spaces:\n");
7        scanf("%d%d%d",&i,&j,&k);
8        pi=&i;pj=&j;pk=&k;    //3 个指针变量分别指向变量 i,j,k
9        //如果 i>j，则 i 和 j 的值互换
10       if(*pi>*pj)
11       {
12           temp=*pi;
13           *pi=*pj;
14           *pj=temp;
15       }
16       //如果 i>k，则 i 和 k 的值互换
17       if(*pi>*pk)
18       {
19           temp=*pi;
20           *pi=*pk;
21           *pk=temp;
22       }
23       //*如果 j>k，则 j 和 k 的值互换*/
24       if(*pj>*pk)
25       {
26           temp=*pj;
27           *pj=*pk;
28           *pk=temp;
29       }
30       printf("%d %d %d",*pi,*pj,*pk);
31       return 0;
32   }
```

程序 6.4

程序 6.4 的运行结果如图 6.2 所示。

```
Please input three integers separated by spaces:
23 -56 -3
-56 -3 23
```

图 6.2

程序分析：程序 6.4 的第 8 行使 3 个 int 型指针变量 pi、pj 和 pk 分别指向变量 i、j 和

k，则*pi、*pj 和*pk 分别表示变量 i、j 和 k，故进行如下比较：

　　① 比较变量 i 和 j 的大小，若 i>j，则交换变量 i 和 j 的值，此步骤完成后，变量 i 中存放的是 i 和 j 中的最小值。

　　② 比较变量 i 和 k 的大小，若 i>k，则交换变量 i 和 k 的值，此步骤完成后，变量 i 中存放的是 i、j 和 k 中的最小值。

　　③ 比较变量 j 和 k 的大小，若 j>k，则交换变量 j 和 k 的值，此步骤完成后，变量 j 中存放的是 j 和 k 中的最小值。

　　经过以上 3 个步骤，变量 i、j 和 k 的值即可按照从小到大的顺序进行排序。

◇【实验习题】

(1) 阅读程序 6.5 并写出运行结果，编译运行程序来验证所写结果是否正确。

1	#include <stdio.h>
2	int main()
3	{
4	int m=1,n=2,*p=&m,*q=&n,*r;
5	r=p;p=q;q=r;
6	printf("%d,%d,%d,%d\n",m,n,*p,*q);
7	return 0;
8	}

程序 6.5

(2) 编写程序，通过指针变量"间接访问"变量，过程如下：

① 定义 int、float、double、char 等基本数据类型的变量并初始化变量的值。

② 定义以上基本数据类型的指针变量。

③ 通过这些指针变量来输出各变量的值。

④ 使用指针变量以"间接访问"的方式改变各变量的值，再直接使用变量名重新输出。

6.2　指针变量作为函数参数

◇【本节要求】

掌握指针变量作为函数参数的方法。

◇【相关知识点】

阅读程序 6.6。

1	#include <stdio.h>
2	void exchange (int x ,int y)
3	{
4	int t;

5	t=x; x=y; y=t;
6	}
7	int main()
8	{
9	int n1=3, n2=5;
10	exchange (n1, n2);
11	printf ("n1=%d, n2=%d\n", n1, n2);
12	return 0;
13	}

程序 6.6

问题：程序 6.6 是否可以成功交换变量 n1 和变量 n2 的值？

运行程序 6.6 的结果为 n1=3，n2=5。很明显，程序 6.6 不能成功交换变量 n1 和变量 n2 的值。这是因为 exchange 函数中的 x 和 y 是形参变量(局部变量)，main 函数中定义的变量 n1 的值传给了 x，n2 的值传给了 y。虽然 x 和 y 的值在 exchange 函数中成功交换了，但是随着 exchange 函数调用的结束，x 和 y 所占用的内存空间会被释放，在释放前 x 和 y 中的值并不能传给在 main 函数中创建的变量 n1 和 n2，因此交换不成功。

可以换个思路：函数的参数可以是 int、float、double、char 等基本数据类型，也可以是指针类型。若函数的形参为指针变量，那么调用函数时实参传递给函数的是变量的地址，函数在执行的过程中可以直接访问这个地址对应的变量，并可以改变该变量的值。

阅读程序 6.7。

1	#include <stdio.h>
2	void exchange (int *p1,int *p2)
3	{
4	int t;
5	t=*p1; *p1=*p2; *p2=t;
6	}
7	int main()
8	{
9	int n1=3, n2=5;
10	exchange(&n1, &n2);
11	printf ("n1=%d, n2=%d\n",n1,n2);
12	return 0;
13	}

程序 6.7

程序 6.7 的运行结果为 n1=5，n2=3。很明显，程序 6.7 成功地交换了变量 n1 和变量 n2 的值。这是因为 exchange 函数的两个形参变量为指针变量 p1 和 p2，其被调用时接收的是 main 函数中定义的变量 n1 和 n2 的地址，*p1 和*p2 就是 n1 和 n2，因此可以成功交换。

小结：

若函数形参不是指针变量，则在调用函数时会定义新的内存变量来接收主函数传递过来的实参变量值。函数在执行过程中只对这部分新定义的内存变量操作，新定义的内存变量在函数调用结束返回时会被释放。因此，即使执行函数时这个新定义的内存变量值发生了改变，也无法传递给主函数中的实参变量。

C 语言中，数据从实参变量到形参变量的传递是单向的，只能由实参传给形参，并不能由形参传回给实参。采用指针变量作为函数参数，接收来自实参的变量地址，可以改变所指向的变量的值。但是，要注意只有在被调用的函数中作为形参的指针变量所指向的变量值发生变化，函数调用后在主调函数中才能使用这些改变了的变量值。若在被调用的函数中的形参指针变量所指向的变量值不发生变化，则主调函数中相应的变量值不会发生改变。

【例题】

(1) 完成函数 void my_power(double x，double y，double *mypow)的定义，该函数的功能是：求 x^y 的值并存入指针变量 mypow 所指向的存储单元中。编写程序，验证 my_power 函数的有效性。

代码实现如程序 6.8 所示。

```
1    #include <stdio.h>
2    #include <math.h>
3    void my_power(double x,double y,double *mypow)
4    {
5        *mypow=pow(x,y);    //调用 pow 函数计算 x^y 的值并存入 mypow 所指向的存储单元
6    }
7    int main()
8    {
9        double a,b,pow,*ppow=&pow;      //指针 ppow 指向变量 pow
10       printf("Please input two floating point numbers separated by spaces:\n");
11       scanf("%lf%lf",&a,&b);
12       my_power(a,b,ppow);
13       printf("%.2lf to %.2lf is %.2lf.\n",a,b,pow);
14       return 0;
15   }
```

程序 6.8

程序 6.8 的运行结果如图 6.3 所示。

```
Please input two floating point numbers separated by spaces:
5.6 7.8
5.60 to 7.80 is 685277.72.
```

图 6.3　程序 6.8 的运行结果

　　程序分析：计算 x 的 y 次方需要调用 C 的库函数 pow，其为数学函数，故需要包含头文件"math.h"。pow 函数的原型为：

　　　　double pow(double x，double y)；

　　pow 函数返回的是 double 型的 x 的 y 次方值，其函数调用封装在 my_powe 函数中。my_powe 函数原型为：

　　　　void my_power(double x，double y，double *mypow)；

其第 3 个形参 mypow 即为 double 型的指针变量，它的值由在主函数中定义的实参 ppow 传递而来，而 ppow 在主函数中指向了变量 pow，因此 mypow 也指向了变量 pow，所以程序第 5 行调用 pow 函数后得出的结果会存放在主函数定义的变量 pow 中。

　　(2) 完成函数 int triangle(unsigned int *t1，unsigned int *t2，unsigned int *t3)的定义，该函数的功能是判断指针变量 t1、t2 和 t3 所指向的存储单元的 3 个数(三角形的三边)是否能组成一个三角形。若可以，该函数返回值为 1，否则返回 0。代码实现如程序 6.9 所示。

```
1    #include <stdio.h>
2    int triangle(unsigned int *t1,unsigned int *t2,unsigned int *t3)
3    {
4        if (*t1+*t2>*t3&&*t2+*t3>*t1&&*t1+*t3>*t2)
5            return 1;   //若任意两边之和大于第三边，则返回 1
6        else
7            return 0;   //否则返回 0
8    }
9    int main()
10   {
11       unsigned int side1,side2,side3;
12       unsigned int *p1=&side1,*p2=&side2,*p3=&side3;
13       printf("Please input three sides(positive integers) of a triangle: ");
14       scanf("%d%d%d",p1,p2,p3);
15       if(triangle(p1,p2,p3))   //调用库函数 triangle，判断输入的三边是否能组成一个三角形
16           printf("The   sides can make a triangle!");
17       return 0;
18   }
```

程序 6.9

程序 6.9 的运行结果如图 6.4 所示。

```
Please input three sides(positive integers) of a triangle: 12 15 6
The  sides can make a triangle!
```

图 6.4　程序 6.9 的运行结果

　　程序分析：triangle 函数的返回值是 1 或者 0，其函数调用在 main 函数中，原型为：

　　　　int triangle(unsigned int *t1，unsigned int *t2，unsigned int *t3)；

其中，3 个形参 t1、t2 和 t3 为 unsigned int 型的指针变量，其值由在主函数中定义的实参 p1、p2 和 p3 分别传递而来，而 p1、p2 和 p3 在主函数中分别指向了变量 side1、side2 和 side3。因此，t1、t2 和 t3 也分别指向了变量 side1、side2 和 side3，所以程序第 4 行的 *t1、*t2 和 *t3 就是 side1、side2 和 side3。

◇【实验习题】

(1) 完成函数 void prime(int *p)的定义，该函数的功能是判断指针变量 p 所指向的存储单元的数是否为质数。编写程序，验证 prime 函数的有效性。

(2) 完成函数 void sort(int *p1, int *p2, int *p3)的定义，该函数的功能是对指针变量 p1、p2 和 p3 所指向的存储单元的数进行由大到小的排序。编写程序，验证 sort 函数的有效性。

进 阶 篇

第7章　基 础 综 合

基础篇介绍了顺序结构、选择结构、循环结构、数组、函数和指针，在进阶篇中将建立一个项目的整体概念，将基础篇的内容整合起来，用结构化的思想来分析问题、设计程序。

本章总结了 C 语言常用知识以及 3 种基本结构的综合使用。

7.1　C 语言基础知识汇总

◇【本节要求】

(1) 掌握 C 语句中的关键字及其用法。

(2) 掌握多种运算符及其优先级。

(3) 熟练掌握 C 语言的常用语法。

(4) 了解 ANSIC 提供的标准库函数。

◇【相关知识点】

1. 关键字分类及用法

ANSI C 标准中 C 语言共有 32 个关键字，根据作用的不同，可分为数据类型关键字、控制语句关键字、存储类型关键字和其他关键字 4 类。

(1) 数据类型关键字及其说明(12 种)如表 7.1 所示。

表 7.1　数据类型关键字及其说明

关键字	说　　明
char	声明字符型变量或函数
double	声明双精度变量或函数
enum	声明枚举类型
float	声明浮点型变量或函数
int	声明整型变量或函数
long	声明长整型变量或函数
short	声明短整型变量或函数
signed	声明有符号类型变量或函数
struct	声明结构体变量或函数
union	声明共用体(联合)数据类型
unsigned	声明无符号类型变量或函数
void	声明函数无返回值或无参数，声明无类型指针

(2) 控制语句关键字及其说明(12 个)如表 7.2～表 7.5 所示。

表 7.2　循环控制关键字及其说明

关键字	说　明
for	for 循环语句
do-while	do-while 循环语句
while	while 循环语句
break	跳出当前循环
continue	结束当前循环，开始下一轮循环

表 7.3　条件控制关键字及其说明

关键字	说　明
if	条件语句
else	条件语句否定分支(与 if 连用)
goto	无条件跳转语句

表 7.4　开关控制关键字及其说明

关键字	说　明
switch	开关语句
case	开关语句分支
default	开关语句中的"其他"分支

表 7.5　返回语句关键字及其说明

关键字	说　明
return	子程序返回语句(可以带参数，也可以不带参数)

(3) 存储类型关键字及其说明如表 7.6 所示(4 个)。

表 7.6　存储类型关键字及其说明

关键字	说　明
auto	声明自动变量
extern	声明变量是在其他文件中声明(也可以看做是引用变量)
register	声明寄存器变量
static	声明静态变量

(4) 其他关键字及其说明如表 7.7 所示(4 个)。

表 7.7　其他类型关键字及其说明

关键字	说　明
const	声明只读变量
sizeof	计算数据类型长度
typedef	用以给数据类型取别名及其他
volatile	说明变量在程序执行中可被隐含地改变

2. 运算符和结合性

运算符和结合性如表 7.8 所示。

表 7.8　运算符和结合性

优先级	运算符	含　义	要求运算对象的个数	结合方法
1	( ) [ ] → .	圆括号 下标运算符 指向结构体成员运算符 结构体成员运算符	运算对象数目不确定，可以是单目运算，也可以是多目运算	自左至右
2	! ~ ++ －－ － (类型) * & sizeof	逻辑非运算符 按位取反运算符 自增运算符 自减运算符 负号运算符 类型转换运算符 指针运算符 取地址运算符 长度运算符	1 (单目运算符)	自右至左
3	* / %	乘法运算符 除法运算符 求余运算符	2 (双目运算符)	自左至右
4	+ －	加法运算符 减法运算符	2 (双目运算符)	自左至右
5	<< >>	左移运算符 右移运算符	2 (双目运算符)	自左至右
6	<　<=　>　>=	关系运算符	2 (双目运算符)	自左至右
7	== !=	等于运算符 不等于运算符	2 (双目运算符)	自左至右
8	&	按位与运算符	2 (双目运算符)	自左至右
9	^	按位异或运算符	2 (双目运算符)	自左至右
10	|	按位或运算符	2 (双目运算符)	自左至右
11	&&	逻辑与运算符	2 (双目运算符)	自左至右
12	||	逻辑或运算符	2 (双目运算符)	自左至右

优先级	运算符	含 义	要求运算对象的个数	结合方法
13	?:	条件运算符	3 (三目运算符)	自右至左
14	= += -= *=/= %= >>= <<=&= ^= | =	赋值运算符	2 (双目运算符)	自右至左
15	,	逗号运算符(顺序求值运算符)	运算对象数目不确定, 可以是单目运算, 也可以是多目运算	自左至右

说明:

(1) 同一优先级运算符的运算顺序由结合方向决定。例如,/ 与 * 具有相同的优先级别, 其结合方向为自左至右, 因此, 7*5/9 的运算顺序是先乘后除。- 和 ++ 为同一优先级, 结合方向为自右至左, 因此 -j++ 相当于 -(j++)。

(2) 不同运算符操作对象的个数不同, 如 +(加)和 -(减)为双目运算符, 要求两侧各有一个操作对象(如 7+8、3-2 等); 而 ++ 和 -(负号)是单目运算符, 只能在一侧出现一个操作对象(如 -5、a++、--j、*ponit 等); 条件运算符是三目运算符, 如 x?i:j。

(3) 从表 7.8 中可以大致归纳出各类运算符的优先级:

初等运算符() []→ •

↓

单目运算符

↓

算术运算符(先乘除, 后加减)

↓

关系运算符

↓

逻辑运算符(不包括!)

↓

条件运算符

↓

赋值运算符

↓

逗号运算符

以上的优先级别由上到下递减。运算符优先级情况较为分散, 为了方便理解, 多运算符结合使用时可加括号。

3. C 语言常用语法汇总

1) 标识符

C 语言中的标识符由字母、数字和下划线 3 种字符组成, 且第一个字符必须是字母或下划线, 不能是数字。C 语言标识符的命名规则总结如下:

(1) 标识符由字母、数字、下划线组成, 并且首字母不能是数字。

(2) 不能把 C 语言关键字作为标识符。

(3) 标识符的长度，C89 规定 31 个字符以内，C99 规定 63 个字符以内。

(4) 标识符对大小写敏感。

合法的标识符：year，Day，ATOK，x1，_CWS，_change_to。

不合法的标识符：＃123(含有非法字符)，.COM(含有非法字符)。

2) 常量

常量分类汇总如图 7.1 所示。

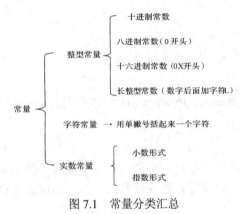

图 7.1　常量分类汇总

3) 表达式

表达式类型汇总如表 7.9 所示。

表 7.9　表达式类型汇总

类　型		说　明
算术表达式	整型表达式	参加运算的是整型量，结果也是整型量
	实型表达式	参加运算的是实型量，运算过程中先转换成 double 类型，结果也是 double 类型
逻辑表达式		用逻辑运算符连接的整型量，结果为整数 0 或 1。逻辑表达式可认为是整型表达式的一种特殊形式
字位表达式		用位运算符连接的整型量，结果为整数。字位表达式也可以认为是整型表达式的一种特殊形式
强制类型转换表达式		用"(类型)"运算符使表达式的类型进行强制转换，例如(int) x
逗号表达式		形式为：表达式 1，表达式 2，表达式 n 顺序求出表达式 1，表达式 2，表达式 n 的值，结果为表达式 n 的值
赋值表达式		形式为：<变量><赋值运算符><表达式> 运算方向自右向左
条件表达式		形式为：表达式 1? 表达式 2：表达式 3 条件运算符的执行顺序是：先求解表达式 1，若为真则求解表达式 2，此时表达式 2 的值作为整个条件表达式的值；若表达式 1 的值为假，则求解表达式 3，此时表达式 3 的值为整个条件表达式的值

各种表达式可以包含有关的运算符，也可以不包含任何运算符(例如，常数是算术表达

式最简单的形式)。

4) 数据定义

C 语言程序中的变量都需要先定义后使用。变量定义需要定义其数据类型，并在需要时同时指明其存储类别。

(1) 类型标识符可用 int、short、long、unsigned、char、float、double、struct(结构体)、union(共用体)、enum(枚举型)以及用 typedef 定义的类型。

(2) 存储类别可用 auto(如不指定，默认为 auto)、static、register、extern。

5) 函数定义

函数定义的形式为：

    存储类别　数据类型　函数名(形参列表)

     函数体

函数的存储类别只能用 extern 或 static；函数体是用大括号括起来的，包括数据定义和语句。

6) 变量的初始化

可以在定义时对变量或数组指定初始值。静态变量或外部变量如未初始化，系统自动使其初值为零或空；自动变量或寄存器变量若未初始化，则其初值为不可预测的数据。

7) 语句

语句是组成程序的基础，C 语言的语句分为 5 大类，分别是：

(1) 表达式语句：表达式语句由表达式加上分号组成。

(2) 函数调用语句：由函数名、实参加上分号组成。其一般形式为：

    函数名(实参列表)；

执行函数语句就是调用函数体并把实参赋给函数定义中的形参，然后执行被调函数体中的语句，求取函数值。

(3) 控制语句：用来实现对程序流程的选择、循环、转向和返回等操作。C 语言中共有 9 种控制语句，分别是：

① if(表达式) 语句;

或

    if(表达式) 语句 1;

      else 语句 2;

② while(表达式) 语句;

③ do 语句

    while(表达式);

④ for(表达式 1；表达式 2；表达式 3) 语句;

⑤ switch(表达式)

    {case 常量表达式 1：语句 1;

    case 常量表达式 2：语句 2;

    case 常量表达式 n：语句 n;

    default：语句 n+1； }

⑥ break 语句——中断当前循环，或和 label 语句一起使用，中断相关联的语句。

⑦ continue 语句——结束本次循环，但不终止整个循环。

⑧ return 语句——从被调函数返回到主调函数继续执行，返回时可附带一个返回值，由 return 后面的参数指定。

⑨ goto 语句——goto 语句也称为无条件转移语句，其一般格式为 goto 语句标号。

(4) 复合语句：把多个语句用大括号括起来组成的一个语句。在程序中应把复合语句看成是单条语句，而不是多条语句。

(5) 空语句：只有分号组成的语句。空语句是什么也不执行的语句。在程序中空语句可用来作空循环体。例如：

　　　　while(getchar()!='\n');

该语句的功能是：只要从键盘输入的字符不是回车则重新输入，这里的循环体为空语句。

8) 预处理命令

在编译之前进行的处理命令称为预处理命令。C 语言的预处理命令包括宏定义、文件包含、条件编译 3 个方面的内容。预处理命令以符号"#"开头，常用命令如下：

　　　　#define　宏名字符串

　　　　#define　宏名(参数 1，参数 2，…，参数 n) 字符串

　　　　#include　"文件名"(或<文件名>)

4. 常用标准库函数

标准 C 提供了近千个库函数，掌握最基本的常见函数即可。如有需要使用其他函数，可查阅有关手册。

1) 数学函数

调用数学函数时，要求在源文件中包含以下命令行：

　　　　#include <math.h>

常用数学函数如表 7.10 所示。

表 7.10　常用数学函数汇总

函 数 原 型	功　　能	返 回 值
int abs(int x)	求整数 x 的绝对值	计算结果
double fabs(double x)	求双精度实数 x 的绝对值	计算结果
double acos(double x)	计算 $\cos^{-1}(x)$ 的值	计算结果
double asin(double x)	计算 $\sin^{-1}(x)$ 的值	计算结果
double atan(double x)	计算 $\tan^{-1}(x)$ 的值	计算结果
double atan2(double x，double y)	计算 $\tan^{-1}(x/y)$ 的值	计算结果
double cos(double x)	计算 $\cos(x)$ 的值	计算结果
double cosh(double x)	计算 x 的双曲余弦值	计算结果
double exp(double x)	求 e^x 的值	计算结果
double fabs(double x)	求双精度实数 x 的绝对值	计算结果

续表

函 数 原 型	功　　能	返 回 值
double floor(double x)	求不大于双精度实数 x 的最大整数	该整数的双精度实数
double fmod(double x,double y)	求 x/y 整除后的双精度余数	余数的双精度数
double log(double x)	求 log x	计算结果
double log10(double x)	求 $\log_{10x}$	计算结果
double pow(double x,double y)	计算 x^y 的值	计算结果
double sin(double x)	计算 sin(x)的值	计算结果
double sinh(double x)	计算 x 的双曲正弦值	计算结果
double sqrt(double x)	计算 x 的开方	计算结果
double tan(double x)	计算 tan(x)	计算结果
double tanh(double x)	计算 x 的双曲正切值	计算结果

2) 字符函数

调用字符函数时，要求在源文件中包含以下命令行：

　　#include <ctype.h>

常用字符函数如表 7.11 所示。

表 7.11　常用字符函数汇总

函 数 说 明	功　　能	返 回 值
int isalnum(char ch)	检查 ch 是否为字母或数字	是 1；否 0
int isalpha(char ch)	检查 ch 是否为字母	是 1；否 0
int iscntrl(char ch)	检查 ch 是否为控制字符	是 1；否 0
int isdigit(char ch)	检查 ch 是否为数字	是 1；否 0
int isgraph(char ch)	检查 ch 是否为可打印字符(不包含空格字符)	是 1；否 0
int islower(char ch)	检查 ch 是否为小写字母	是 1；否 0
int isprint(char ch)	检查 ch 是否包含空格符在内的可打印字符	是 1；否 0
int ispunct(char ch)	检查 ch 是否为标点符号或特殊符号	是 1；否 0
int isspace(char ch)	检查 ch 是否为空格、制表或换行符	是 1；否 0
int isupper(char ch)	检查 ch 是否为大写字母	是 1；否 0
int isxdigit(char ch)	检查 ch 是否为十六进制数	是 1；否 0
char tolower(char ch)	把 ch 中的字母转换成小写字母	返回对应的小写字母
char toupper(char ch)	把 ch 中的字母转换成大写字母	返回对应的大写字母

3) 字符串函数

调用字符串函数时，要求在源文件中包含以下命令行：

#include <string.h>

常用字符串函数如表 7.12 所示。

表 7.12 常用字符串函数汇总

函 数 说 明	功 能	返 回 值
char *strcat(char *s1，char *s2)	把字符串 s2 添加到字符串 s1 的后面	s1 所指地址
char *strchr(char *s，int ch)	在 s 所指字符串中，找出第一次出现字符 ch 的位置	返回首次出现的字符的地址，找不到返回 NULL
int strcmp(char *s1，char *s2)	对 s1 和 s2 所指字符串进行比较	s1 < s2，返回负数；s1 == s2，返回 0；s1 > s2，返回正数
char *strcpy(char *s1，char *s2)	把 s2 指向的字符串复制到 s1 指向的地址空间	s1 所指地址
unsigned strlen(char *s)	求字符串 s 的长度	返回字符串的长度(不包括返回值 '\0' 在内)
char *strstr(char *s1，char *s2)	判断字符串 s2 是否是字符串 s1 的子串	若是，则返回 s2 在 s1 中首次出现的地址；若不是，则返回 NULL

4）输入输出函数

调用输入输出函数时，要求在源文件中包含以下命令行：

#include <stdio.h>

常用输入输出函数如表 7.13 所示。

表 7.13 常用输入输出函数汇总

函 数 说 明	功 能	返 回 值
void clearer(FILE *fp)	清除与文件指针 fp 有关的所有出错信息	无
int fclose(FILE *fp)	关闭 fp 所指的文件，释放文件缓冲区	出错返回非 0，否则返回 0
int feof (FILE *fp)	检查文件是否结束	文件结束返回非 0，否则返回 0
int fgetc (FILE *fp)	从 fp 所指的文件中取得下一个字符	返回所读字符，出错返回 EOF
char *fgets(char *buf, int n, FILE *fp)	从 fp 所指的文件中读取一个长度为 n-1 的字符串，将其存入 buf 所指存储区中	返回 buf 所指地址,若遇文件结束或出错返回 NULL
FILE *fopen(char *filename, char *mode)	以 mode 指定的方式打开名为 filename 的文件	成功打开则返回文件指针(文件信息区的起始地址),否则返回 0

函数说明	功　　能	返　回　值
int fprintf(FILE *fp，char *format，args，…)	把 args，…的值以 format 指定的格式输出到 fp 指定的文件中	实际输出的字符数
int fputc(char ch，FILE *fp)	把字符 ch 输出到 fp 指定的文件中	成功返回该字符，否则返回 EOF
int fputs(char *str，FILE *fp)	把 str 所指字符串输出到 fp 所指文件中	成功返回非负整数，否则返回 −1(EOF)
int fread(char *pt，unsigned size，unsigned n，FILE *fp)	从 fp 所指文件中读取长度为 size 的 n 个数据项,存到 pt 所指内存中	读取的数据项个数，如果遇到文件结束或者出错返回
int fscanf (FILE *fp，char *format，args，…)	按 format 指定的格式从 fp 所指的文件中写入数据存入到 args，…所指的内存中	已输入的数据个数，否则返回 −1(EOF)
int fseek (FILE *fp, long offer，int base)	移动 fp 所指文件的位置指针	成功返回当前位置，否则返回 −1
long ftell (FILE *fp)	求出 fp 所指文件当前的读写位置	返回 fp 所指文件的读写位置
int fwrite(char *pt，unsigned size，unsigned n，FILE *fp)	把 pt 所指向的 n*size 个字节输入到 fp 所指文件中	输出的数据项个数
int getc (FILE *fp)	从 fp 所指文件中读取一个字符	返回所读字符，若出错或文件结束返回 EOF
int getchar(void)	从标准输入设备读取下一个字符	返回所读字符，若出错或文件结束返回 −1
int printf(char *format，args，…)	把 args，…的值以 format 指定的格式输出到标准输出设备	输出字符的个数，若出错，返回负数
int putc (int ch，FILE *fp)	同 fputc	同 fputc
int putchar(char ch)	把 ch 输出到标准输出设备	返回输出的字符，若出错则返回 EOF
int puts(char *str)	把 str 所指字符串输出到标准设备，将 '\0' 转成回车换行符	返回换行符，若出错，返回 EOF
int rename(char *oldname,char *newname)	把 oldname 所指文件名改为 newname 所指文件名	成功返回 0，出错返回 −1
void rewind(FILE *fp)	将文件位置指针置于文件开头	无
int scanf(char *format，args，…)	从标准输入设备按 format 指定的格式把输入数据存入到 args，…所指的内存中	已输入的数据的个数，遇到文件结束返回 EOF，出错返回 0

5) 动态分配函数和随机函数

调用动态分配函数和随机函数时，要求在源文件中包含以下命令行：

#include <stdlib.h>

动态分配函数和随机函数如表 7.14 所示。

表 7.14 动态分配函数和随机函数

函数说明	功　能	返　回　值
void *calloc(unsigned n,unsigned size)	分配 n 个数据项的内存空间，每个数据项的大小为 size 个字节	分配内存单元的起始地址，如不成功，返回 0
void *free(void *p)	释放 p 所指的内存区	无
void *malloc(unsigned size)	分配 size 个字节的存储空间	分配内存区的起始地址；如不成功，返回 0
void *realloc(void *p, unsigned size)	把 p 所指内存区的大小改为 size 个字节	不成功，返回 0
int rand(void)	产生 0~32 767 的随机整数	返回随机整数
void exit(int state)	终止程序执行，state 为 0 表示正常终止，非 0 为异常终止	无

【例题】

输入并运行程序 7.1。

```
1    #include <stdio.h>
2    int two();      //函数原型说明
3    int main()
4    {
5        int a=0;
6        a=two();
7        a=two() ;
8        a=two();
9    }
10   int two()
11   {
12       static int b=0;
13       b++ ;
14       return 0;
15   }
```

程序 7.1

要求：

① 运行此程序，观察结果。

② 在程序 7.1 的基础上，去掉第 12 行的关键字 static，运行程序，观察结果。

程序结果：输入代码，运行程序，结果为 3；如果去掉第 12 行的关键字 static，结果为 1。

程序分析：关键字 static 可以定义静态变量，在函数体内，静态变量具有"记忆"功能。即在函数调用过程中，一个被声明为静态变量的变量的值维持不变。static 局部变量只被初始化一次，下一次的运算依据上一次的结果值。因此，当没有去掉 static 时，该值为其第一次调用函数的值，b 的值只增加一次，不再改变。

◇【实验习题】

(1) 标识符作用域练习—输入并运行程序 7.2。

1	#include <stdio.h>
2	void add(int);
3	intmain()
4	{
5	int num=5;
6	add(num);
7	printf("%d\n",num);
8	return 0;
9	}
10	void add(int num)
11	{
12	num++;
13	printf("%d\n",num);
14	}

程序 7.2

要求：

① 运行此程序，观察结果。

② 在程序 7.2 的基础上，增加 1 行，即第 5、6 行做如下修改：

int num;

int n=5;

add(n);

运行程序并观察结果。

(2) 数据类型及运算符优先级问题练习—输入并运行程序 7.3。

1	#include <stdio.h>
2	int main()
3	{
4	char c='k';
5	int i=1,j=2, k=3;
6	float x=3e+5,y=0.85;

7	printf("%d,%d\n", !x*!y, !!!x);
8	printf("%d,%d\n", x‖i&&j-3, i<j&&x<y);
9	printf("%d,%d\n", i==5&&c&&(j=8), x+y‖i+j+k);
10	return 0;
	}

程序 7.3

要求:

① 自行分析程序结果。

② 运行程序,观察结果。

(3) 条件表达式练习—输入并运行程序 7.4。

1	#include <stdio.h>
2	int main(void)
3	{
4	int a,b,max;
5	printf("\n input two numbers: ");
6	scanf("%d%d",&a,&b);
7	printf("max=%d",a>b?a:b);
8	return 0;
9	}

程序 7.4

要求:

① 运行程序,观察结果。

② 在程序 7.4 的基础上,用 if-else 语句替换第 7 句,运行并观察结果。

(4) 标准库函数练习。素数是除了能被 1 和本身整除以外,不能被其他整数整除的正整数。试编程找出 100~200 之间的所有素数,计算并输出这些素数之和。

要求:

① 在程序中调用标准库数学函数。

② 将运算结果以字符串的形式输出。

7.2 结构化程序设计方法

◇【本节要求】

(1) 熟练掌握 C 语言的 3 种基本结构。

(2) 理解选择结构程序设计的基本思想,熟练掌握分支程序设计的基本方法。

(3) 理解循环结构程序设计的基本思想,熟练掌握循环程序设计的基本方法。

(4) 熟练掌握使用多层循环控制结构进行程序设计的基本方法。

(5) 熟练掌握使用 if 语句的嵌套进行多分支结构程序设计的基本方法。

◇【相关知识点】

为了使程序便于书写、阅读、修改和维护，人们提出了结构化程序的概念，将由 3 种基本结构(顺序结构、选择结构和循环结构)组成的程序称之为结构化程序。结构化程序减少了程序出错的机会，提高了程序的可靠性，保证了程序的质量。

结构化程序设计方法的基本思路是：把一个复杂问题的求解过程分阶段进行，逐步处理每个阶段的问题，使问题简化。其基本方法有以下 4 种：

(1) 自顶向下。

(2) 逐步细化。

(3) 模块化设计。

(4) 结构化编程。

C 语言的 3 种基本结构如图 7.2～图 7.4 所示。

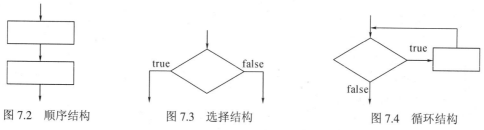

图 7.2　顺序结构　　　　图 7.3　选择结构　　　　图 7.4　循环结构

1. 顺序结构

在程序编写过程中，顺序结构按照解决问题的顺序给出相应的语句，并按照自上而下的顺序依次执行。顺序结构可以独立构成一个完整的程序，常见的输入和输出等简单程序就是顺序结构。

2. 选择结构

选择结构要先判断再选择，执行过程中要依据特定条件选择执行语句，而不是按照语句出现的先后顺序决定。

选择结构适用于带有条件判断(比较或逻辑真假)的程序。设计选择结构程序时，为使编程过程中条理清晰，可先绘制程序流程图，再根据程序流程图写出源程序。

第 2 章介绍了 if-else-if 形式的嵌套语句，下面将给出另外两类选择结构嵌套的一般形式。

1) switch 语句中嵌套 switch 语句

```
switch(表达式 1)
{
    case 常量 1:
        switch(表达式 2)
        {
            case 常量 1: 语句 1; break;
            case 常量 2: 语句 2; break;
            default: break;
        }
```

```
            break；
        case 常量 2：语句 3；break；
        default：break；
    }
```

2) if 语句与 switch 语句综合嵌套使用

(1) 可在 if 语句中嵌套 switch 语句，其一般形式如下所示。

```
    if(表达式 1)
    {
        switch(表达式 2)
        {
            case 常量 1：语句 1；break；
            case 常量 2：语句 1；break；
        }
    }
```

(2) 可以在 switch 语句中嵌套 if 语句，其一般形式如下所示。

```
    switch(表达式 1)
    {
        case 常量 1：
                    if(表达式 2)
                        语句 1；
                    else
                        语句 2；
                    break；
        case 常量 2：语句 2；break；
        default：break；
    }
```

3. 循环结构

循环结构的 4 个要素：循环变量、循环体、循环增量和循环终止条件。

常用的循环语句如下。

1) do-while 循环语句

do-while 语句的一般形式为：

```
    do
        语句；
    while(表达式)；
```

do-while 循环先执行循环中的"语句"，再判断"表达式"是否为真，如果为真则继续循环；如果为假，则终止循环。因此，do-while 循环至少会执行一次"语句"。

2) while 循环语句

while 语句的一般形式为：

while(表达式) 语句；

其中，"表达式"是循环条件，"语句"为循环体。

while 语句的语义是：计算表达式的值，当值为真(非 0)时，执行循环体语句。

3) for 循环语句

在 C 语言中，for 语句的使用最为灵活，它完全可以取代 while 语句。它的一般形式为：

    for(表达式 1；表达式 2；表达式 3)　语句；

其执行过程为：

(1) 先计算表达式 1 的值，仅执行一次。

(2) 计算表达式 2 的值，如果值为真(非 0)，则执行其后的语句，否则 for 循环结束。

(3) 计算表达式 3 的值，转(2)流程。

常用的两种循环结构如下：

(1) 当型循环：先判断所给循环条件是否成立，若成立，则执行循环体；再判断循环条件是否成立，若成立，则又执行循环体。如此反复，直到某一次循环条件不成立为止。

(2) 直到型循环：先执行循环体，再判断所给循环条件是否成立，若成立，则再执行循环体。如此反复，直到循环条件不成立，该循环过程结束。

一个循环体内又包含另一个完整的循环结构，称为循环的嵌套，内嵌的循环中还可以嵌套循环，称为多层循环。while 循环、do-while 循环和 for 循环可以根据需要互相嵌套，下面几种都是合法形式。

① while( )
    {
       ...
       while( )
       {
          ...
       }
    }

② do
    {
       ...
       do
       {
          ...
       }
       while( );
    }while( );

③ for(,,)
    {
       for(,,)

```
        {
            ...
        }
    }
```

【例题】

(1) 输入一个百分制成绩，将其转换成等级 A、B、C、D、E 输出。90 分以上为 A，80～89 分为 B，70～79 分为 C，60～69 分为 D，60 分以下为 E。(当不在 0～100 之间时，要提示用户"输入出错，请重新输入")。代码实现如程序 7.5 所示。

1	#include <stdio.h>
2	int main()
3	{
4	float score;
5	char grade;
6	printf("请输入一个百分制的成绩\n");
7	scanf("%f",&score);
8	while(score>100‖score<0)
9	{
10	printf("输入出错，请重新输入\n");
11	scanf("%f",&score);
12	}
13	if(score>=90) grade='A';
14	else if(score>=80) grade='B';
15	else if(score>=70) grade='C';
16	else if(score>=60) grade='D';
17	else grade='E';
18	printf("该成绩的等级为：%c\n",grade);
19	return 0;
20	}

程序 7.5

程序 7.5 的运行结果如图 7.5 所示。

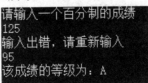

图 7.5   程序 7.5 的运行结果

程序分析：程序 7.5 采用 if-else 语句，根据输入的百分制成绩(score)，转换成相应的等级(grade)后输出。在此之前必须判断 score 是否符合百分制成绩，即 score 是否在 0～100 之间。这里采用了循环语句 while(score>100‖score<0)，当然也可以用 if 语句 if(score > 100 ‖

score＜0)。两者都可以实现百分制成绩的判断，区别在于循环语句可以判断多次输入出错，if 语句只能判断一次。该程序也可以使用 switch 语句编写，如程序 7.6 所示。

```
1   #include <stdio.h>
2   int main()
3   {
4       float score;
5       char grade;
6       printf("请输入一个百分制的成绩\n");
7       scanf("%f",&score);
8       while(score>100||score<0)
9       {
10          printf("输入出错，请重新输入\n");
11          scanf("%f",&score);
12      }
13      int m=score/10;
14      switch(m)
15      {
16          case 10:
17          case 9:grade='A';break;
18          case 8:grade='B';break;
19          case 7:grade='C';break;
20          case 6:grade='D';break;
21          default:grade='E';
22      }
23      printf("该成绩的等级为：%c\n",grade);
24      return 0;
25  }
```

程序 7.6

程序分析：程序 7.5 和程序 7.6 的运行结果一致，读者可自行验证。利用 if 判断条件可以表示一定范围内的成绩，但是 switch 的 case 语句是一个确定的值，而百分制的成绩有无数个确定值。针对这种情况，可以利用强制类型转换将 score/10 变成整数，例如 score=86，int m=score/10，那么 m 的值为 8，就可以表示成绩大于等于 80 小于 90，通过这种方法就可以利用 switch 语句来判断学生的成绩。

(2) 妈妈给小明 100 元，让小明买 100 只鸡，其中公鸡 5 元一只，母鸡 3 元一只，小鸡 3 只一元。编写程序，求出小明"百钱买百鸡"的方案(求买公鸡、母鸡、小鸡的个数)。

代码实现如程序 7.7 所示。

```
1   #include <stdio.h>
2   int main()
```

3	{
4	int a,b,c;
5	printf("百钱买百鸡的方案如下：\n");
6	for(a=0;a<100;a++)
7	for(b=0;b<100;b++)
8	for(c=0;c<100;c++)
9	if(a+b+c==100&&5*a+3*b+c/3==100&&c%3==0)
10	printf("公鸡为：%d 个,母鸡为：%d 个,小鸡为：%d 个\n",a,b,c);
11	return 0;
12	}

程序 7.7

程序 7.7 的运行结果如图 7.6 所示。

图 7.6　程序 7.7 的运行结果

程序分析："百钱买百鸡问题"是非常经典的程序设计题目，本程序用最直观的穷举法，在没有优化的三重循环下，分别对公鸡、母鸡和小鸡的个数从 0～100 进行枚举，在不同的组合中找出符合条件的购买情况，即购买鸡的数量和钱数都为 100 且小鸡是 3 的倍数，并进行输出。

三重循环初步优化算法：通过简单的分析，可以得出最多买 20 只公鸡、33 只母鸡和 100 只小鸡，小鸡的增长步长为 3，优化的代码实现如程序 7.8 所示。

1	#include <stdio.h>
2	int main()
3	{
4	int a,b,c;
5	printf("百钱买百鸡的方案如下：\n");
6	for(a=0;a<20;a++)
7	for(b=0;b<33;b++)
8	for(c=0;c<100;c+=3)
9	if(a+b+c==100&&5*a+3*b+c/3==100)
10	printf("公鸡为：%d 个,母鸡为：%d 个,小鸡为：%d 个\n",a,b,c);
11	return 0;
12	}

程序 7.8

程序 7.7 和程序 7.8 的运行结果一致，读者可自行验证。此外，还可以对程序 7.8 进行进一步的优化，将三重循环优化为二重循环，只需要枚举其中两个变量，即公鸡和母鸡的个数，第 3 个变量可通过总数减去前两个变量的和。代码实现如程序 7.9 所示。

1	`#include <stdio.h>`
2	`int main()`
3	`{`
4	`    int a,b,c;`
5	`    printf("百钱买百鸡的方案如下：\n");`
6	`    for(a=0;a<20;a++)`
7	`    for(b=0;b<33;b++)`
8	`    {`
9	`        c=100-a-b;`
10	`        if(5*a+3*b+c/3==100&&c%3==0)`
11	`            printf("公鸡为：%d 个,母鸡为：%d 个,小鸡为：%d 个\n",a,b,c);`
12	`    }`
13	`    return 0;`
14	`}`

程序 7.9

程序 7.9 和程序 7.7、7.8 的运行结果一致，读者可自行验证。通过三重循环优化为二重循环，程序运行次数大大降低。此外，二重循环也可以优化为一重循环。通过分析可知，可以结合三元一次方程进行算法优化，假设公鸡个数为 a，母鸡个数为 b，小鸡个数为 c，那么可以得到两个方程：

$$a+b+c=100$$
$$5a+3b+c/3=100$$

通过合并同类项可以得到：

$$b=25-(7/4)a$$
$$c=75+(3/4)a$$

对该方程进行分析，若保证 b 和 c 的个数为整数，a 一定是 4 的倍数，且 a 的值不大于 16。代码实现如程序 7.10 所示。

1	`#include <stdio.h>`
2	`int main()`
3	`{`
4	`    int a,b,c;`
5	`    printf("百钱买百鸡的方案如下：\n");`
6	`    for(a=0;a<16;a+=4)`
7	`    {`
8	`    b=25-a*7/4;`
9	`    c=75+a*3/4;`
10	`    printf("公鸡为：%d 个,母鸡为：%d 个,小鸡为：%d 个\n",a,b,c);`
11	`    }`

| 12 | return 0; |
| 13 | } |

程序 7.10

程序设计通过三重循环优化为一重循环，算法不断优化，运算次数从 1 000 000 次优化到 4 次。可以看到，减少一循环可以在很大程度上减少运算量。

◇【实验习题】

(1) 输入各部门职工每周的工作时间(按小时计)，计算并输出其周工资。其中，部门经理每小时工资 50 元；项目总监每小时工资 45 元；普通员工每小时工资 30 元。若工作超过 40 h，则超过部分按原工资的 1.5 倍的加班工资计算；若工作超过 50 h，则超过的部分按原工资的 3 倍的加班工资来计算。

(2) 计算你的生日是星期几。编写一个程序，只要输入年月日，就可以输出相应的那天是星期几。提示：已知 1990 年 1 月 1 日是星期一。

(3) 打印出乘法九九表，要求打印出的乘法九九表形状为直角三角形(输入输出要有文字说明，以提高用户体验，并尽可能优化算法)。

(4) 完全数是指其所有因子(包括 1 但不包括该数自身)的和等于该数，例如 28 = 1 + 2 + 4 + 7 + 15，那么 28 就是一个完全数。编写程序输出 2～1000 之间所有的完全数。(输入输出要有文字说明，以提高用户体验，并尽可能优化算法)

(5) 输入 8 名学生的 4 门成绩，分别统计并按升序输出每个学生的平均成绩。提示：通过回车判断输入是否结束。

(6) 从键盘输入一个十进制整数(可正可负)，再输入一个整数 d(取值 2，8)，将输入的十进制整数转换为 d 进制输出，编写该代码(输入输出要有文字说明，以提高用户体验，并尽可能优化算法)。

(7) 青年歌手参加歌曲大奖赛，有 7 位评委打分，去掉一个最高分，去掉一个最低分，编程求选手的平均得分。

第8章 数组进阶

8.1 字符数组

◇【本节要求】

掌握字符数组的定义以及初始化。

◇【相关知识点】

利用数组不但可以处理能够进行算术运算的数值型数据，而且也可以处理文字，比如英文、汉字。在计算机中，将由文字组成的词汇或句子称做字符串，对字符串的处理是通过字符数组来实现的。

1. 字符数组的定义

字符数组的定义形式与数值数组的定义形式相同。例如 char c[10]，由于字符型和整型通用，也可以定义为 int c[10]，但这时每个数组元素占 4 个字节的内存单元。

字符数组也可以是二维或多维数组。例如，char c[5][10]即为二维字符数组。

2. 字符数组的初始化

字符数组的初始化方式与整数数组的赋值相似，也允许在定义时赋值。例如：

    char c[10]={'c', ' ', 'p', 'r', 'o', 'g', 'r', 'a','m'};

赋值后各元素的值为：

    c[0]的值为 'c';
    c[1]的值为 ' ';
    c[2]的值为 'p';
    c[3]的值为 'r';
    c[4]的值为 'o';
    c[5]的值为 'g';
    c[6]的值为 'r';
    c[7]的值为 'a';
    c[8]的值为 'm'.

其中，c[9]未赋值，它的值系统自动赋为 0。

当对全体元素赋初值时也可以省去长度说明。例如：

    char c[]={'c', ' ','p','r','o','g','r','a','m'};

这时，数组 c 的长度为 9。

【例题】

(1) 实现在屏幕上显示英文字符串"HELLO"。代码实现如程序 8.1 所示。

```
1    #include <stdio.h>
2    int main()
3    {
4        int i;
5        char w[10]={'H','E','L','L','O'};
6        for(i=0;i<5;i++)
7        printf("%c",w[i]);
8        return 0;
9    }
```

程序 8.1

程序 8.1 的运行结果是：在屏幕上显示"HELLO"。

程序分析：由程序 8.1 可知，字符数组是数组的一种，其各个元素都是字符型的。字符数组的使用方法与其他类型数组的一样，也需要经过数组的定义、数组的赋值、元素的引用这 3 个步骤。

(2) 实现从键盘输入英文字符串"HELLO"并在屏幕上显示。代码实现如程序 8.2 所示。

```
1    #include <stdio.h>
2    int main()
3    {
4        int i;
5        char w[10];
6        for(i=0;i<5;i++)
7        {
8            scanf("%c",&w[i]);
9            printf("%c",w[i]);
10       }
11       return 0;
12   }
```

程序 8.2

程序分析：程序 8.2 在一个 for 循环中调用 scanf 函数，同时利用输入输出格式控制符"%c"完成字符输入并存入字符数组 w[i]中，随后调用 printf 函数将数组 w[i]的内容输出到屏幕上显示。

◇【实验习题】

(1) 定义一个字符数组，并用"初始化列表"对其进行赋值，然后逐个输出此字符数组中的字符。

(2) 编写程序输出以下图案。

```
* * * * *
    * * * * *
        * * * * *
```

(3) 写出程序 8.3 的运行结果。

```
1    #include <stdio.h>
2    int main()
3    {
4        char diamond=[][5]={{' ',' ','*'},{' ','*',' ','*'},{'*',' ',' ',' ','*'},
5                            {' ','*',' ','*'},{' ',' ','*'}};
6        int i,j;
7        for(i=0; i<5; i++)
8        {
9            for(j=0; j<5; j++)
10               printf("%c",diamond[i][j]);
11           printf("\n");
12       }
13       return 0;
14   }
```

程序 8.3

8.2　字符数组与字符串

◇【本节要求】

(1) 掌握字符数组与字符串的关系。

(2) 掌握字符数组的输入输出方式。

(3) 掌握字符数组和字符串函数的使用。

◇【相关知识点】

C 语言中没有专门的字符串变量，通常用一个字符数组来存放一个字符串。前面介绍字符串常量时，已说明字符串总是以 '\0' 作为结束符。因此，当把一个字符串存入到一个数组中时，结束符 '\0' 也被存入到数组中，并以此作为该字符串是否结束的标志。有了 '\0' 标志后，就不必再用字符数组的长度来判断字符串的长度了。

C 语言允许用字符串的方式对字符数组进行初始化赋值。例如：

```
char c[]={'C',' ','p','r','o','g','r','a','m'};
```

可写为：

```
char c[]={"C program"};
```

或去掉{}写为：

```
char c[]="C program";
```

用字符串方式赋值比用字符逐个赋值要多占一个字节,用于存放字符串结束标志'\0'。上面的数组 c 在内存中的实际存放情况如图 8.1 所示。

C		p	r	o	g	r	a	m	\0

图 8.1　数组 c 在内存中的存放情况

'\0'是由 C 编译系统自动加上的。由于采用了'\0'标志,所以在用字符串赋初值时一般无须指定数组的长度,系统会自行处理。

1. 字符数组的输入输出

在采用字符串方式后,字符数组的输入输出将变得简单、方便。

除了用字符串赋初值外,还可以用 printf 函数和 scanf 函数一次性输出输入一个字符数组中的字符串,而不必使用循环语句逐个地输入输出每个字符,如程序 8.4、8.5 所示。

```
1    #include <stdio.h>
2    int main()
3    {
4        char c[]="BASIC\ndBASE";
5        printf("%s\n",c);
6        return 0;
7    }
```

程序 8.4

注意:在程序 8.4 的 printf 函数中,使用的格式字符串为"%s",表示输出的是一个字符串,在输出列表中给出数组名即可。不能写为:

printf("%s",c[]);

```
1    #include <stdio.h>
2    int main()
3    {
4        char st[15];
5        printf("input string:\n");
6        scanf("%s",st);
7        printf("%s\n",st);
8        return 0;
9    }
```

程序 8.5

程序 8.5 中由于定义的数组长度为 15,因此输入的字符串长度必须小于 15,以留出一个字节用于存放字符串结束标志'\0'。需要说明的是,一个字符数组如果不进行初始化赋值,则必须说明数组长度。还应特别注意的是,用 scanf 函数输入字符串时,字符串中不能含有空格,否则将以空格作为字符串的结束符。

例如,当输入的字符串中含有空格时,运行情况为:

输入的字符串为：

　　this is a book

输出为：

　　this

从输出结果可以看出，空格以后的字符都未能输出。为了避免这种情况的发生，可多设几个字符数组分段存放含有空格的字符串。

修改程序 8.5，如程序 8.6 所示。

1	#include <stdio.h>
2	int main()
3	{
4	char st1[6],st2[6],st3[6],st4[6];
5	printf("input string:\n");
6	scanf("%s%s%s%s",st1,st2,st3,st4);
7	printf("%s %s %s %s\n",st1,st2,st3,st4);
8	return 0;
9	}

程序 8.6

程序 8.6 定义了 4 个数组，将输入的含有空格的字符串分别装入 4 个数组中，然后再输出这 4 个数组中的字符串。

在前面介绍过，scanf 函数的各输入项必须以地址方式出现，如 &a、&b 等。但在程序 8.6 中 scanf 函数的各输入项却是以数组名的方式出现的，这是因为 C 语言中规定数组名就代表了该数组的首地址，整个数组是以首地址开头的一块连续的内存单元。

如字符数组 char c[10]，在内存中的表示如图 8.2 所示。

c[0]	c[1]	c[2]	c[3]	c[4]	c[5]	c[6]	c[7]	c[8]	c[9]

图 8.2　c[10]在内存中的表示

设数组 c 的首地址为 2000，也就是说 c[0]的地址为 2000，则数组名 c 就代表这个首地址。因此，在 c 前面不能再加地址运算符&，如 scanf("%s",&c)是错误的。在执行函数 printf("%s",c) 时，按数组名 c 找到首地址，然后逐个输出数组中的各个字符，直到遇到字符串终止标志 '\0' 为止。

2. 字符串处理函数

C 语言提供了丰富的字符串处理函数，大致可分为字符串的输入、输出、合并、修改、比较、转换、复制、搜索几类。使用这些函数可大大减轻编程的负担。用于输入输出的字符串处理函数在使用前应包含头文件 stdio.h，使用其他字符串处理函数则应包含头文件 string.h。

下面介绍几个最常用的字符串处理函数。

1) 字符串输出函数 puts

格式：

puts (字符数组名);

功能：把字符数组中的字符串输出到显示器上，即在屏幕上显示该字符串。

puts 函数示例如程序 8.7 所示。

```
1   #include <stdio.h>
2   int main()
3   {
4       char c[]="BASIC\ndBASE";
5       puts(c);
6       return 0;
7   }
```

程序 8.7

从程序 8.7 中可以看出：puts 函数可以使用转义字符，因此输出结果为两行。puts 函数可以由 printf 函数取代。当需要按一定格式输出时，通常使用 printf 函数。

2）字符串输入函数 gets

格式：

gets(字符数组名);

功能：从标准输入设备上输入一个字符串。本函数的返回值为字符数组的首地址。

gets 函数示例如程序 8.8 所示。

```
1   #include <stdio.h>
2   int main()
3   {
4       char st[15];
5       printf("input string:\n");
6       gets(st);
7       puts(st);
8       return 0;
9   }
```

程序 8.8

可以看出：当输入的字符串中含有空格时，输出仍为全部字符串，这说明 gets 函数并不以空格作为字符串输入结束的标志，而是以回车作为输入结束的标志。这与 scanf 函数是不同的。

注意：scanf 函数和 gets 函数都可用于输入字符串，但在功能上有区别，gets 函数可以接收空格；而 scanf 函数遇到空格、回车和 Tab 键都会认为输入结束，所以它不能接收空格。例如：

```
char string[15]; gets(string);   //遇到回车认为输入结束
scanf("%s",string);   //遇到空格认为输入结束
```

所以，在输入的字符串中包含空格时，应该使用 gets 函数输入。

3) 字符串连接函数 strcat

格式：

strcat (字符数组名 1，字符数组名 2);

功能：把字符数组 2 中的字符串连接到字符数组 1 中字符串的后面，并删去字符串 1 后的 '\0'。本函数的返回值是字符数组 1 的首地址。

strcat 函数示例如程序 8.9 所示。

1	#include <stdio.h>
2	int main()
3	{
4	static char st1[30]="My name is ";
5	int st2[10];
6	printf("input your name:\n");
7	gets(st2);
8	strcat(st1,st2);
9	puts(st1);
10	return 0;
11	}

程序 8.9

4) 字符串复制函数 strcpy

格式：

strcpy (字符数组名 1，字符数组名 2);

功能：把字符数组 2 中的字符串复制到字符数组 1 中，串结束标志 '\0' 也一同复制。字符数组 2 也可以是一个字符串常量。strcpy 函数相当于把一个字符串赋给一个字符数组。

strcpy 函数示例如程序 8.10 所示。

1	#include <stdio.h>
2	#include <string.h>
3	int main()
4	{
5	char st1[15],st2[]="C Language";
6	strcpy(st1,st2);
7	puts(st1);
8	printf("\n");
9	return 0;
10	}

程序 8.10

strcpy 函数要求字符数组 1 应有足够的长度，否则不能全部装入所复制的字符串。

5) 字符串比较函数 strcmp

格式：

strcmp(字符数组名 1, 字符数组名 2);

功能：按照 ASCII 码顺序比较两个数组中的字符串，并由函数返回值返回比较结果。

字符串 1 = 字符串 2，返回值 = 0；

字符串 1 > 字符串 2，返回值 > 0；

字符串 1 < 字符串 2，返回值 < 0。

strcmp 函数也可用于比较两个字符串常量，或比较数组和字符串常量。

strcmp 函数示例如程序 8.11 所示。

1	#include <stdio.h>
2	#include <string.h>
3	int main()
4	{
5	int k;
6	static char st1[15],st2[]="C Language";
7	printf("input a string:\n");
8	gets(st1);
9	k=strcmp(st1,st2);
10	if(k==0) printf("st1=st2\n");
11	if(k>0) printf("st1>st2\n");
12	if(k<0) printf("st1<st2\n");
13	return 0;
14	}

程序 8.11

程序 8.11 把输入的字符串和数组 st2 比较，比较的结果返回到 k 中，根据 k 值再输出结果。当输入为"dbase"时，由 ASCII 码可知"dbase"大于"C Language"，因此 k > 0，输出"st1 > st2"。

6) 测字符串长度函数 strlen

格式：

strlen(字符数组名);

功能：测字符串的实际长度(不含字符串结束标志 '\0')并将其作为函数返回值。

strlen 函数示例如程序 8.12 所示。

1	# include <stdio.h>
2	#include <string.h>
3	int main()
4	{
5	int k;
6	static char st[]="C language";
7	k=strlen(st);

8	printf("The lenth of the string is %d\n",k);
9	return 0;
10	}

程序 8.12

【例题】

有 3 个字符串，要求找出其中的"最大"者，参考程序可见程序 8.13。

1	#include <stdio.h>
2	#include <string.h>
3	int main()
4	{
5	char str[3][20];
6	char string[20];
7	int i;
8	for(i=0;i<3; i++)
9	gets(str[i]);
10	if(strcmp(str[0],str[1])>0)
11	strcpy(string,str[0]);
12	else
13	strcpy(string,str[0]);
14	if(strcmp(str[2],string)>0)
15	strcpy(string,str[2]);
16	printf("\n the largest string is :\n%s\n",string);
17	return 0;
18	}

程序 8.13

在程序 8.13 中，str[0]、str[1] 和 string 是一维字符数组，可以存放一个字符串。经过第 1 个 if 语句的处理，string 中存放了 str[0] 和 str[1] 中的"大者"。第 2 个 if 语句把 string 和 str[2] 比较，把大的那个存放在 string 中。最后，string 中的字符串就是三个字符串中的最大者。

◇【实验习题】

(1) 观察程序 8.14，写出运行结果。

1	#include <stdio.h>
2	struct STU
3	{
4	char name[10];
5	int num;
6	};

7	void f(char *name, int num)
8	{
9	struct STU s[2]={{"SunDan", 20044},{"Penghua", 20045}};
10	num=s[0].num;
11	strcpy(name, s[0].name);
12	}
13	int main()
14	{
15	struct STU s[2]={{"YangSan", 20041},{"LiSiGuo", 20042}},*p;
16	p=&s[1]; f(p→name, p→num);
17	printf("%s %d\n", p->name, p->num);
18	return 0;
19	}

程序 8.14

(2) 由键盘输入一个字符串，按照 ASCII 码由小到大的顺序排序，要求删除输入的重复字符。如输入 "ad2f3adjfeainzzzzv"，则应输出 "23adefijnvz"。

(3) 从键盘输入一个字符串，去掉所有非十六进制字符后转换成十进制数输出。如输入 "g2sh8iBof"，则应输出 "10431"。

(4) 输入一串字符串并保存到字符串 str 中，获取 str 中小写字母的个数、大写字母的个数和数字字符的个数，并分别存入 3 个数组中。

(5) 计算一个字符串中子串出现的次数。

(6) 编写如下程序。

① 求一个字符串 S1 的长度。

② 将一个字符串 S1 的内容复制给另一个字符串 S2。

③ 将两个字符串 S1 和 S2 连接起来，结果保存在字符串 S1 中。

④ 搜索一个字符在字符串中的位置(例如 'I' 在 "CHINA" 中的位置为 3)。如果没有搜索到，则位置为-1。

⑤ 比较两个字符串 S1 和 S2，如果 S1 > S2，则输出一个正数；如果 S1 = S2，则输出 0；如果 S1 < S2，则输出一个负数。输出的正、负数值为两个字符串相应位置字符 ASCII 码值的差值，当两个字符串完全一样时，则认为 S1 = S2。

程序①~⑤均使用 gets 函数或 puts 函数输入输出字符串，不允许使用 string.h 中的系统函数。

第9章 函数进阶

9.1 函数递归调用

◇【本节要求】

(1) 掌握函数的递归调用。

(2) 掌握数组名作为函数参数的使用方法。

◇【相关知识点】

在调用函数的过程中,函数本身又被直接或间接地调用,这种函数也称为递归函数。递归调用是一个函数直接或间接地调用函数本身,递归函数调用是函数嵌套调用的一种特殊形式。C语言对递归函数的调用没有次数的限制,但必须有一个结束递归的条件,否则程序可能会陷入死循环(一般用 if 语句来控制,使递归过程满足某一条件时结束)。

递归并不是简单地"自己调用自己",也不是简单地"交互调用",它是一种分析和解决问题的方法和思想。简单来说,递归的思想就是把问题分解成为规模更小的、与原问题有着相同解法的问题。比如二分查找算法,就是不断地把问题的规模变小(变成原问题的一半),而新问题与原问题有着相同的解法。函数递归调用格式如图9.1所示。

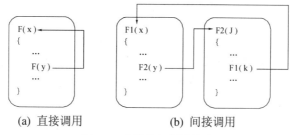

(a) 直接调用　　　　(b) 间接调用

图 9.1　函数递归调用格式

【例题】

(1) 用直接递归的方法求 n!

程序分析:要求一个正整数 n 的阶乘,假设 n = 5,如下所示。

n! = 5! = 5*4*3*2*1	
5! = 5*4*3*2*1 = 5*4!	F(5) = 5*F(4)
4! = 4*3!	F(5) = 4*F(3)
3! = 3*2!	F(3) = 3*F(2)
2! = 2*1!	F(2) = 2*F(1)
1! = 1	F(1) = 1

按照递归调用的思想，n! = n*(n - 1)!。在函数设计的过程中，可以设计函数 F(n) = n*F(n - 1)，直到(n - 1)等于 1 为止。

代码实现如程序 9.1 所示。

```
1    #include <stdio.h>
2    int main()
3    {
4        int factorial(int );              //声明函数 factorial
5        int n;
6        printf("Please input number:");
7        scanf("%d",&n);                   //从键盘输入一个整数 n
8        printf("--------------------------\n") ;
9        printf("The result:%d!=%d\n",n,factorial(n));
10       return 0;
11   }
12   int factorial(int n)
13   {
14       if(n==0||n==1)                    //如果 n 为 0 或 1，则返回其阶乘结果 1
15           return 1;
16       else                             //如果 n 大于 1，则递归计算 n 的阶乘
17           return n* factorial(n-1);    //递归调用
18   }
```

程序 9.1

程序 9.1 的运行结果如图 9.2 所示。

```
Please input number:5
--------------------------
The result:5!=120
```

图 9.2 程序 9.1 的运行结果

(2) 用间接递归的方法求 n!。

代码实现如程序 9.2 所示。

```
1    #include <stdio.h>
2    int main()
3    {
4        int factorial(int );              //声明函数 factorial(n)
5        int n;
6        printf("Please input number:");
7        scanf("%d",&n);                   //从键盘输入一个整数 n
8        printf("--------------------------\n") ;
```

9	`printf("The result:%d!=%d\n",n,factorial(n));`	
10	`return 0;`	
11	`}`	
12	`int factorial(int n)`	
13	`{`	
14	`if(n==0||n==1)`	//如果 n 为 0 或 1，则返回其阶乘结果 1
15	`return 1;`	
16	`else`	//如果 n 大于 1，则递归计算 n 的阶乘
17	`return n*f2(n);`	//递归调用
18	`}`	
19	`int f2(int n)`	
20	`{`	
21	`return factorial(n-1);`	
22	`}`	

程序 9.2

程序 9.2 的运行结果如图 9.3 所示。

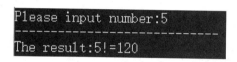

图 9.3　程序 9.2 的运行结果

（3）有一对兔子，从出生后第 3 个月起每个月都生一对兔子，小兔子长到第 3 个月后每个月又生一对兔子，假如兔子都不死，则每个月的兔子总数为多少？

程序分析：该问题的关键是建立数学模型，兔子数量汇总结果为 1，1，2，3，5，8，…，每 3 个月生一对兔子可以转化为斐波那契数列，具体转化过程如图 9.4 所示。

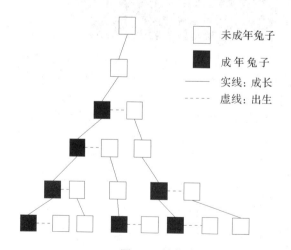

图 9.4　转化过程图

按照递归调用的思想，$F(1) = F(2) = 1$，并且 $F(n) = F(n-1) + F(n-2)$ $(n \geq 3)$。

代码实现如程序 9.3 所示。

```
1   #include <stdio.h>
2   int FibonacciNum(int n)
3   {
4       if(n <= 0)
5       {
6           return -1;
7       }
8       if(n == 1 || n == 2)
9       {
10          return 1;
11      }
12      Else
13      {
14          return(FibonacciNum(n-1) + FibonacciNum(n-2));
15      }
16  }
17  int main()
18  {
19      int num;
20      printf("Input an Integer: ");
21      scanf("%d", &num);
22      printf("Numbers of rabbits after %d months: %d", num, FibonacciNum(num));
23      return 0;
24  }
```

程序 9.3

程序 9.3 的运行结果如图 9.5 所示。

```
Input an Integer: 8
--------------------------
Numbers of rabbits after 8 months: 21
```

图 9.5　程序 9.3 的运行结果

◇【实验习题】

(1) 编写一个函数，用递归方法求 1 + 2 + 3 + … + n。

定义一个函数，主函数调用这个函数，从键盘输入 n 的值，并输出结果。描述解题方法，根据解题方法写出相应的程序，并给出运行结果。

(2) 切面条。

一根高筋拉面，中间切一刀，可以得到 2 根面条；先对折一次，中间切一刀，可以得到 3 根面条；如果连续对折 2 次，中间切一刀，可以得到 5 根面条。那么，连续对折 10 次，中间切一刀，会得到多少根面条？

定义一个嵌套函数，主函数调用这个函数，并输出结果。描述解题方法，根据解题方法写出相应的程序，并给出运行结果。

9.2 数组作为函数的参数

◇【本节要求】

掌握数组元素和数组名作为函数参数的意义。

◇【相关知识点】

在函数调用的过程中，可以把数组作为函数的参数来进行数据的传递。数组作为函数参数有两种形式，一种是把数组元素(数组名加下标)作为函数实参，另一种是把数组名作为函数的参数(包括形参和实参)。

1. 数组元素作为函数实参

前面知识中介绍了变量可以作为函数的实参，数组元素与普通变量没有区别，因此它作为函数实参的使用方法与普通变量是完全相同的。

在用数组元素作为函数实参发生函数调用时，把作为实参的数组元素的值传送给形参，实现单向的值传送。

2. 数组名作为函数参数

数组名作为函数参数，应该在主调函数和被调函数中分别定义数组，即形参和实参都应为数组。实参数组和形参数组的长度可以不相同，但是类型必须一致，如果不一致，则结果会出错。

(1) 普通变量或数组元素作为函数参数时，形参变量和实参变量是由编译系统分配的两个不同的内存单元。在函数调用时发生的值传送是把实参变量的值赋给形参变量。

在用数组名作为函数参数时，不是进行值的传送，即不是把实参数组的每一个元素的值都赋给形参数组的各个元素。因为实际上形参数组并不存在，编译系统不为形参数组分配内存空间。那么，数据的传送是如何实现的呢？根据前面章节的内容可知，数组名就是数组的首地址，因此用数组名作为函数参数时所进行的传送只是地址的传送，也就是说把实参数组的首地址赋给了形参数组名，形参数组名取得该首地址之后，也就等于有了实际的数组。实际上，形参数组和实参数组为同一数组，共同拥有一段内存空间。

(2) 变量作为函数参数时，所进行的值传送是单向的，即只能从实参传向形参，不能从形参传回实参。形参的初值和实参的相同，而形参的值发生改变后，实参的值并不发生变化，两者的终值是不同的。而当用数组名作为函数参数时，情况则不同。由于实际上形参和实参为同一数组，因此当形参数组发生变化时，实参数组也随之变化。当然这种情况不能理解为发生了"双向"的值传递，从实际情况来看，调用函数之后实参数组的值将由于形参数组值的变化而变化。

【例题】

(1) 判断一个整数数组中各元素的值，若大于 0 则输出"T"，若小于或等于 0 则输出"F"。代码实现如程序 9.4 所示。

1	#include <stdio.h>
2	int main()
3	{
4	void judge(int x);　　　　　　　　//声明函数 judge(int)
5	int a[5],i;
6	printf("Please input 5 numbers\n");
7	for(i=0;i<5;i++)　　　　　　　　//利用循环结构输入、判断
8	{
9	scanf("%d",&a[i]);
10	judge(a[i]);　　　　　　　//数组元素作为函数实参
11	}
12	return 0;
13	}
14	void judge(int x)　　　　　　　　//定义函数 judge(int x)
15	{
16	if(x>0)
17	printf("T　　");
18	else
19	printf("F　　");
20	}

程序 9.4

程序 9.4 的运行结果如图 9.6 所示。

图 9.6　程序 9.4 的运行结果

程序分析如下：

main 函数中数组各元素的值用 for 语句来实现输入，每输入一个就以该元素作为实参调用一次 judge 函数，即把 a[i]的值传送给形参 x，供 judge 函数使用。

(2) 求一维数组内存放的 5 个学生的平均成绩。代码实现如程序 9.5 所示。

1	#include <stdio.h>
2	int main()
3	{
4	float average(float array[5]);　　　　//声明函数 average(float)
5	float score[5],aver;　　　　　　　//定义数组 score
6	int i;
7	printf("Please input 5 scores: ");

8	for(i=0; i<5; i++)　　　　　　　　　//循环输入 5 个浮点型数据
9	scanf("%f",&score[i]);
10	aver=average(score);　　　　　　　//数组名作为函数参数
11	printf("------------------------------------\n");
12	printf("Average is：　%5.2f\n",aver);
13	return 0;
14	}
15	float average(float array[5])　　　//定义函数 average，计算平均值
16	{
17	int i;
18	float aver,sum=array[0];
19	for(i=1; i<5; i++)　　　　　　　　//循环加总数组中的数据
20	sum=sum+array[i];
21	aver=sum/5;
22	return aver;
23	}

程序 9.5

程序 9.5 的运行结果如图 9.7 所示。

```
Please input 5 scores: 67 88 90 67 88
------------------------------------
Average is:  80.00
```

图 9.7　程序 9.5 的运行结果

程序分析如下：在主函数 main 中实现数组 score 的数据输入，然后以数组 score 的数据作为实参调用 average 函数，函数返回值送 aver，最后输出 aver 的值。从运行结果可以看到，程序实现了题目所需的功能。

数组名作为函数参数，应该在主调函数和被调函数中分别定义数组。程序 9.5 中的 score 是实参数组名，array 是形参数组名，分别在主调函数和被调函数中进行了定义，且它们都是 float 类型。

因为 C 语言编译系统不检查形参数组的大小，因此程序 9.5 中定义数组的等价形式如下：

　　float average(float array[]){　…　}

由于形参数组名获得了实参数组的首元素地址，因此，形参数组首元素(array[0])和实参数组首元素(score[0])具有同一地址，它们共占同一个存储单元，即更改形参数组(array)中的值，也就改变了实参数组(score)中的值。

(3) 利用选择法对数组中 10 个整数按照由小到大的顺序排序。

解题思路：选择法是将 10 个数中最小的数与数组中的一个数对换，如将数组定义为 a[10]，选择法第一步是将数组 a 中的最小数与 a[0]对换，然后将 a[1]～a[9]中的最小值与

a[1]对换，直至排序结束。代码实现如程序 9.6 所示。

```
1    #include <stdio.h>
2    int main()
3    {
4        void sort(int array[], int n);              //声明 sort 函数
5        int a[10],i;
6        printf("Please input 10 integers: ");
7        for(i=0; i<10; i++)                         //循环输入 10 个整型数据
8            scanf("%d",&a[i]);
9        sort(a,10);                                 //调用 sort 函数，a 为函数名，大小为 10
10       printf("The sorted array:\n");
11       for(i=0;i<10;i++)
12           printf("%d",a[i]);
13       printf("\n");
14       return 0;
15   }
16   void sort(int array[], int n)          //定义 sort 函数
17   {
18       int i,j,k,t;
19       for(i=0; i<n-1; i++)               //数组前 n-1 个元素作为交换对象
20       {
21          k=i;                            //k 为最小元素标识，设置其初值为 i
22          for(j=i+1;j<n;j++)              //找出第 i 个元素后的最小值
23              if(array[j]<array[k])
24                      k=j;               //k 为最小元素标识，更改其值
25          t=array[k]; array[k]= array[i]; array[i]=t;     //交换元素数值
26       }
27   }
```

程序 9.6

程序 9.6 的运行结果如图 9.8 所示。

程序分析：在主函数 main 中实现数组 a 的数据输入，然后以数组 a 的数据作为实参调用 sort 函数，由于实参跟形参指向同一存储区域，因此在 sort 函数中进行排序可以改变 main 函数中数组 a 的值，最后将排序后的数组输出。从运行结果可以看到，程序实现了题目所需的功能。

```
Please input 10 integers:
11 5 9 7 6 2 -5 21 -9 4
The sorted array:
-9 -5 2 4 5 6 7 9 11 21
```

图 9.8　程序 9.6 的运行结果

在 sort 函数中，数组 array 接收数组 a 的地址，因此可以实现后面数组排序的功能。第一层 for 循环是设置前 n-1 个元素为交换对象，然后寻找其后的最小值与其交换，共需交换 n-1 次，实现排序功能；第二层 for 循环的功能是寻找第 i 个元素后的最小值的位置，

将其赋值给 k，用于后续的元素交换。

◇【实验习题】

(1) 定义递归函数，将输入的若干个字符以相反顺序打印出来。

定义一个函数，主函数调用这个函数，并输出结果。字符由键盘输入，例如输入"retupmoc"，则输出"computer"。描述解题方法，根据解题方法写出相应的程序，并给出运行结果。

(2) 利用函数完成下列题目：

① 输入 10 个学生的姓名和学号。

② 按学号由小到大的顺序排序，姓名顺序也随之调整。

③ 要求输入一个学号，用折半查找法找出该学生的姓名，从主函数输入要查找的学号，输出该学生的姓名。

9.3 变量的作用域和存储类型

◇【本节要求】

(1) 了解变量在内存中的存储类型。

(2) 掌握静态变量的存储及使用特点。

(3) 区分局部变量和全局变量在程序中的生命周期。

◇【相关知识点】

在函数的使用中，最关键的是变量的使用，其中重要的是变量的作用域和存储类型。变量的作用域是指变量在程序中的有效范围，分为局部变量和全局变量；变量的存储类型是指变量在内存中的存储方式，分为静态存储和动态存储，表示了变量的生存期。

1. 局部变量和全局变量

局部变量(local variables)指在程序中只在特定过程或函数中可以访问的变量。局部变量是相对于全局变量而言的。在 C++、C#、Ruby 这些面向对象语言中，一般只使用局部变量。

在子程序中定义的变量称为局部变量，在程序的一开始定义的变量称为全局变量。全局变量的作用域是整个程序，局部变量的作用域是定义该变量的子程序。

当全局变量与局部变量同名时，局部变量会屏蔽全局变量，即在定义局部变量的子程序内，局部变量起作用；在其他地方全局变量起作用。

2. 变量的存储方式

在 C 语言中，变量的存储类型有自动变量(auto 变量)、静态局部变量(static 局部变量)、寄存器变量(register 变量)和外部变量(extern 变量)。不同的存储类型直接影响着变量在函数中的作用域与生存期。

【例题】

(1) 在局部变量和全局变量同名的情况下，分析程序 9.7。

1	#include <stdio.h>
2	int a=3,b=5;
3	int main()
4	{
5	int max(int a, int b); //声明 max 函数
6	int a=8; //定义变量 a
7	printf("max=%d\n",max(a,b));
8	return 0;
9	}
10	int max(int a, int b) //定义 max 函数
11	{
12	return(a>b?a:b);
13	}

程序 9.7

程序 9.7 的运行结果如图 9.9 所示。

max=8

图 9.9 程序 9.7 的运行结果

程序分析：在程序 9.7 中，重复的变量名 a、b 的使用是为了区别它们的作用域。第 2 行变量 a 和 b 是全局变量，作用范围是第 2~14 行；第 5 行声明函数中定义的 a 和 b 不参与运算，可以省略这两个变量名；第 6 行定义的变量 a 是局部变量，作用范围是第 6~9 行；第 11 行 max 函数中定义的形参 a 和 b 的作用范围是第 11~14 行。为避免混淆，可以将程序 9.7 中的变量名进行更改，如程序 9.8 所示。

1	#include <stdio.h>
2	int a=3,b=5;
3	int main()
4	{
5	int max(int , int); //声明 max 函数
6	int n=8; //定义变量 n
7	printf("max=%d\n",max(n,b));
8	return 0;
9	}
10	int max(int x, int y) //定义 max 函数
11	{
12	return(x>y?x:y);
13	}

程序 9.8

(2) 阅读程序 9.9，分析程序的运行结果。

1	#include <stdio.h>
2	int main()
3	{
4	int fac(int n);
5	int i;
6	for(i=1;i<=5;i++)
7	printf("%d!=%d\n",i,fac(i));
8	return 0;
9	}
10	int fac(int n)
11	{
12	static int f=1;
13	f=f*n;
14	return(f);
15	}

程序 9.9

程序 9.9 的运行结果如图 9.10 所示。

图 9.10   程序 9.9 的运行结果

程序分析：在程序 9.9 中，主要考察静态局部变量的使用，静态变量的类型说明符是 static。静态局部变量始终存在着，也就是说它的生存期为整个源程序。因此，在第一次调用 fac 函数时，第 12 行代码初始化变量 f 并参与运算；第二次调用 fac 函数时，变量 f 存在，跳过第 12 行代码，此时 f 值为 1，经过运算返回值为 2；第三次调用 fac 函数时，变量 f 值为 2，经过运算返回值为 6；第四次调用 fac 函数时，变量 f 值为 6，经过运算返回值为 24；第五次调用 fac 函数时，变量 f 值为 24，经过运算返回值为 120。

◇【实验习题】

(1) 定义递归函数，求两个整数的最大公约数和最小公倍数。

定义两个函数，一个求最大公约数，另一个求最小公倍数，主函数调用这两个函数。两个整数由键盘输入。描述解题方法，根据解题方法写出相应的程序，并给出运行结果。

(2) 写一个函数，输入一个十六进制数，并输出相应的十进制数。

(3) 给出年、月、日，计算该日是该年的第几天。

运用所学知识，定义函数，实现解题。描述解题方法，根据解题方法写出相应的程序，并给出运行结果。

第 10 章　指 针 进 阶

10.1　通过指针引用数组

◇【本节要求】

掌握利用指针引用数组的方法及在引用数组时指针的运算。

◇【相关知识点】

1. 指针引用数组的方法

一维数组的指针其实是一维数组在内存中的首地址，用数组名表示。数组名是一个地址常量，而一维数组元素的指针就是该数组元素在内存中的地址。

假设有定义：

```
int a[10],*p=a;        //或者 int a[10],*p=&a[0];
```

则指针变量 p 中存储了数组 a 的首地址，数组元素 a[i] 的地址表示方法有以下 3 种：

(1) &a[i]，直接对元素 a[i] 进行取地址运算得到。

(2) a+i，数组首地址加上相对偏移量，即数组名 a 加上元素 a[i] 的下标 i 来表示。注意，此时 a+i 所表示的地址其实是 a+(i*数组元素字节数)，而数组元素的字节数是由其数据类型决定的。

(3) p+i，由于指针变量 p 中存放了数组 a 的首地址，故 p+i 也表示数组元素 a[i] 的地址。要注意的也是 p+i 所表示的地址其实是 p+(i*数组元素字节数)，数组元素的字节数由其数据类型决定。

因此，在指针变量 p 指向了一维数组 a 的前提下，数组 a 的元素值的表示方法有以下 4 种：

(1) 数组下标法，直接用数组元素的下标表示，即 a[i]。

(2) 指针表示法，先取数组元素的指针 a+i，再取该指针对应的内容，即 * (a+i)。

(3) 指针表示法，先取数组元素的指针 p+i，再取该指针对应的内容，即 * (p+i)。

(4) 数组下标法，直接用数组元素的下标表示，即 p[i]。

2. 引用数组时指针的运算

1) 指针变量加减一个正整数

例如以下语句：

```
int a[10],*p=&a[5];

p=p+1;          // p 指向 a[6]

p--;            // p 又指回 a[5]
```

2) 指针(变量)的关系运算

两个指针(变量)指向同一数组的元素时才能进行指针关系运算，例如：

    int a[10],*p=&a[2],*q=&a[4];

则有以下关系：p<q 为"真"，p!=q 为"真"，p>q 为"假"，p==q 为"假"。

要输出数组 a 的全部 10 个元素，可以采用以下语句：

    for(p=a,q=a+9;p<=q;p++) printf("%d\n",*p);

3) 指针变量减法运算

两个指针变量指向同一数组的元素时才能进行指针减法运算，例如：

    int a[10],*p=&a[0],*q=&a[9];

则 q-p 的含义是数组元素的个数。

4) 几种易混淆情况分析

假设指针变量 p 指向数组 a 的首元素(即 p=a)：

(1) ++*p 相当于++(*p)，也即++a[0]，表示 p 所指的元素值加 1。

(2) (*p)++相当于 a[0]++。

(3) *p++相当于*(p++)。表示先引用 p 的值，实现*p 的运算，然后再使 p 自增 1。

(4) *++p 相当于*(++p)。表示先使 p 自增 1，然后再实现*p 的运算。

3. 形参数组名作为指针变量来处理

若函数 fun 的形参为数组形式，如：

fun(int arr[],int n);

则程序编译时 arr 其实是作为指针变量处理的，相当于将函数 fun 的首部写成：

fun(int *arr,int n);

以上这两种写法是等价的。

【例题】

(1) 输入 10 个学生的分数，求出其平均分，输出超出平均分的分数并统计超出的个数，要求用指针来引用数组。代码实现如程序 10.1 所示。

1	#include <stdio.h>
2	int main()
3	{
4	double score[10],*p=score,sum=0;
5	int i;
6	for(i=0;i<10;i++)
7	{
8	printf("Please input the score of student%d:",i+1);
9	scanf("%lf",p);
10	sum+=*p; //p 所指向的数组元素的值累加到变量 sum 中
11	p=p+1; //p 指向下一个数组元素
12	}
13	printf ("The average score of the ten students is: %.2lf",sum/10);

| 14 | return 0; |
| 15 | } |

程序 10.1

程序 10.1 的运行结果如图 10.1 所示。

```
Please input the score of student1:54.5
Please input the score of student2:67.5
Please input the score of student3:78
Please input the score of student4:87
Please input the score of student5:92
Please input the score of student6:53
Please input the score of student7:45.5
Please input the score of student8:73.5
Please input the score of student9:83
Please input the score of student10:95.5
The average score of the ten students is: 72.95
```

图 10.1 程序 10.1 的运行结果

程序分析：程序 10.1 采用 for 循环语句把键盘输入的学生分数逐个累加到变量 sum 中，在程序的第 4 行定义指针变量 p 并指向数组 score(p 的值为 score，即数组首地址，也是数组首元素地址)，则第 10 行的 *p 表示 p 所指向的当前元素的值，第 11 行的 p=p+1 表示指针变量 p 指向下一个数组元素。程序还可以进行如下修改，如程序 10.2 所示。

1	#include <stdio.h>
2	int main()
3	{
4	double score[10],*p=score,sum=0;
5	int i;
6	for(i=0;i<10;i++)
7	{
8	printf("Please input the score of student%d:", i+1);
9	scanf("%lf",p+i); //输入分数存放到数组元素 score[i]中
10	sum+=*(p+i); // 数组元素 score[i]的值累加到变量 sum 中
11	}
12	printf ("The average score of the ten students is: %.2lf",sum/10);
13	return 0;
14	}

程序 10.2

程序分析：程序 10.2 和程序 10.1 的运行结果一致，读者可自行验证。其中，在程序的第 4 行定义了指针变量 p 指向了数组 score 的首元素(score[0])，则第 9 行的 p+i 表示元素 score[i]的地址，*(p+i)表示元素 score[i]的值。

(2) 完成函数 int absmin(int a[],int n)和 int absmin(int *a,int n)的定义，它们能实现求数组 a 的 n 个元素中绝对值最小的数，并将它返回给主调函数。编写程序，验证 absmin 函数的有效性。

① 按题目要求完成函数 int absmin(int a[],int n)的定义，对应第一个形参，主调函数中的实参为数组名，编写和修改程序，编译运行，直到运行结果正确为止。

② 按题目要求完成函数 int absmin(int *a,int n)的定义，对应第一个形参，主调函数中的实参为数组名，编写和修改程序，编译运行，直到运行结果正确为止。

对于第①小题，其算法为首先假设数组首元素的绝对值为最小(首元素存入变量 min 中)，然后逐一用之后元素的绝对值与 min 的绝对值进行比较，若小于则把 min 中的值替换成相应的元素，代码实现如程序 10.3 所示。

1	`#include <stdio.h>`
2	`#include <math.h>`
3	`int absmin(int a[],int n)`
4	`{`
5	`    int i,min;`
6	`    min=a[0];    //假设数组首元素的绝对值最小`
7	`    for(i=1;i<n;i++)`
8	`    {`
9	`    //逐一用各个元素的绝对值与 min 的绝对值进行比较，若小于则 min 替换成相应的元素`
10	`        if(abs(a[i])<abs(min))`
11	`        min=a[i];`
12	`    }`
13	`    return min;`
14	`}`
15	`int main()`
16	`{`
17	`    const int n=5;    //定义常量 n 的值为 5`
18	`    int a[n],i;`
19	`    for(i=0;i<n;i++)`
20	`    {`
21	`        printf("Please input the value of the   element %d: ",i);`
22	`        scanf("%d",a+i);`
23	`    }`
24	`    printf("The element with the smallest absolute value is %d",absmin(a,n));`
25	`    return 0;`
26	`}`

程序 10.3

对于第②小题，其算法和第①小题的相同，只是依据题意，对函数 absmin 进行了修改，代码实现如程序 10.4 所示。

1	#include <stdio.h>
2	#include <math.h>
3	int absmin(int *a,int n)
4	{
5	int i,min;
6	min=*a; //假设数组首元素的绝对值最小
7	for(i=1;i<n;i++)
8	{
9	//逐一用各个元素的绝对值与 min 的绝对值进行比较，若小于则 min 替换成相应的元素
10	if(abs(*(a+i))<abs(min))
11	min=*(a+i);
12	}
13	return min;
14	}
15	int main()
16	{
17	const int n=5;　　//定义常量 n 的值为 5
18	int a[n],i;
19	for(i=0;i<n;i++)
20	{
21	printf("Please input the value of the element %d: ",i);
22	scanf("%d",a+i);
23	}
24	printf("The element with the smallest absolute value is %d",absmin(a,n));
25	return 0;
26	}

程序 10.4

实际上，比较第②小题的函数首部 int absmin(int *a,int n)与第①小题的函数首部 int absmin(int a[],int n)，第一个形参是等价的，也就是说 int a[]其实就是 int *a，都是定义了一个 int 型的指针变量 a。因此，两个小题的 absmin 函数的实现代码完全可以互相替换，读者可自行测试验证。

◇【实验习题】

(1) 阅读程序 10.5 并写出运行结果，之后编译、运行程序来验证所写结果是否正确。

1	#include <stdio.h>
2	int main()
3	{
4	int a[10]={1,2,3,4,5,6,7,8,9,10},*p=&a[3],b;
5	b=p[5];
6	printf("%d\n",b);

7	printf("%d\n",*(p+1));
8	return 0;
9	}

程序 10.5

(2) 阅读程序 10.6 并写出运行结果，之后编译、行程序来验证所写结果是否正确。

1	#include <stdio.h>
2	int main()
3	{
4	int x[] = {10, 20, 30};
5	int *px = x;
6	printf("%d,", ++*px);　　　printf("%d,", *px);
7	px = x;
8	printf("%d,", (*px)++);　　printf("%d,", *px);
9	px = x;
10	printf("%d,", *px++);　　　printf("%d,", *px);
11	px = x;
12	printf("%d,", *++px);　　　printf("%d\n", *px);
13	return 0;
14	}

程序 10.6

(3) 完成函数 int absmin(int a[],int n)和 int absmin(int *a,int n)的定义，它们能实现求数组 a 的 n 个元素中绝对值最小的数，并将它返回给主调函数。编写程序，验证 absmin 函数的有效性。

① 按题目要求完成函数 int absmin(int a[],int n)的定义，对应第一个形参，主调函数中的实参为指针变量，编写和修改程序，编译并运行，直到运行结果正确为止。

② 按题目要求完成函数 int absmin(int *a,int n)的定义，对应第一个形参，主调函数中的实参为指针变量，编写和修改程序，编译并运行，直到运行结果正确为止。

(4) 完成函数 int clear(double *p, int len)的定义，它能实现将指针变量 p 所指向的 double 型数组的前 len 项的值清零。编写程序，验证 clear 函数的有效性。

(5) 参考程序 4.2，完成冒泡排序函数 void sort(int *p,int n)的定义，它能实现将指针变量 p 所指向的 int 型数组的全部 n 个元素进行由小到大的排序。编写程序，验证 sort 函数的有效性。

10.2　通过指针引用多维数组

◇【本节要求】

掌握通过指针变量引用多维数组的方法。

◇【相关知识点】

1. 多维数组的指针

现在可以基于一维数组来讨论多维数组的指针。以二维数组为例，程序中定义一个二维数组 a，它有 3 行 4 列，定义如下：

    int a[3][4]={{0,2,4,6},{8, 10,12, 14},{16, 18, 20, 22}};

二维数组 a 也可以看成包含 3 个元素 a[0]、a[1]、a[2](3 行)的一维数组，而每个元素(每行)又是一个一维数组，各自包含 4 个列元素，a[0]、a[1]、a[2]也分别是一维数组名(每行的首地址)。数组名 a 是二维数组的首地址，从地址的值来看，可知 a=a[0]=&a[0][0]，即二维数组的首地址=0 行元素首地址=元素 a[0][0]的地址。写成通用形式，第 i 行的地址为 a+i=a[i]=&a[i][0]。虽然地址值相等，但是三者的含义却有着本质的不同。对这些地址进行分级，从本质上明确以上三者间的区别，说明如下：

(1) 二维数组名+i=“二级地址”，指向数组中的某一行。如 a+2 是二级地址，指向数组 a 的第二行。

(2) 一维数组名+i=“一级地址”，指向数组中的某一个元素。如 a[2]+2 指向 a[2][2]，即 *(a[2] +2) =a[2][2]=20。

根据以上两点说明，对于数组 a 的三个地址 a、a[0]、&a[0][0]，可知 *a=a[0]，*a[0] =a[0][0]。一般来说，*(a+i) =a[i]，*(a[i]) =a[i][0]。可以看出，使用指针运算符*和下标运算符[]都起到了地址降级的作用。于是不难理解引用数组元素的几种等价方法，即 a[i][j]=*(a[i]+j)=*(*(a+i)+j)。类似地，三维数组的地址分级为三维数组名+ i =“三级地址”，指向数组中某一面；二维数组名+i=“二级地址”，指向数组中某一直线；一维数组名+ i = “一级地址”，指向数组中的某一元素。例如 int a[3]4][5]定义了一个三维数组，a 表示三级地址，a[0]表示二级地址，a[0][0]表示一级地址，而 a[0][0][0]则表示数组元素。

2. 指向多维数组元素的指针变量

指针变量的“级”与数组的地址级一一对应，也分为“一级指针”、“二级指针”、“三级指针”及“n 级指针”。不同级地址只能存放不同级的指针变量，即 n 级指针变量只能指向 n 级地址。实际上，对于 C 编译系统而言，不同级指针变量的类型是不一样的。

例如：

    int a[10],*p;   //数组名 a 是一级地址，一维数组只需一级指针变量

    p=a;   //合法

    p=&a[0];   //合法

    又例如：

    int a[3][4],*p; //数组名 a 是二级地址

    p=a[0];   //合法

    p=&a[0][0];   //合法

    p=a;   //不合法

    p=*a;   //合法

分析如下：

p 是指向整型量的一级指针变量，a[0]也为一级指针，所以 p=a[0]符合赋值匹配原则。

如果将 p=a[0]改写为 p=a 就会出错。虽然 a[0]和 a 的值相同，但 a 是整型量的二级指针，而 a[0]是整型量的一级指针，二者类型不同。若写成 p=*a 或 p=*(a+0)或 p=&a[0][0]也是可以的，只要保证赋值运算符两边指针的类型一致即可。类似地，对于 n(n≥3)维数组的指针处理，n 级地址同样对应 n 级指针变量，处理方法和二维数组指针的处理方法一样，只不过更复杂些。

若一定要将 a 这个二级地址赋给指针变量 p，也可换一个角度考虑。前面谈到，二维数组 a[3][4]可以看成含有 3 个元素的特殊一维数组，其数组元素又为含有 4 个元素的一维数组。C 语言中规定了一种特殊的指针变量，用来指向包含多个元素的一维数组。如 int (*p)[4]，表示 p 是指向一个包含 4 个元素的一维数组的指针类型变量，其中数组元素为整型。于是推导出 p 为指向一维数组的指针变量，p 本身就成为二级指针变量，所以 p=a 式子两边的类型就匹配了。上例可改为：

```
int a[3][4],(*p1)[4],*p2,*p3;

p1=a;        //合法

p2=a[1];      //合法

p3=&a[1][2];   //合法
```

程序 10.7 为利用指向一维数组的指针变量访问数组 a[3][4]。

1	#include <stdio.h>
2	int main()
3	{
4	int a[3][4]={{1,3,5,7},{9,11,13,15},{17,19,21,23}},i,j, (*p)[4];
5	p=a;
6	for (i=0; i <3; i++)
7	for (j=0;j <4;j++)
8	printf("%3d",*(*(p+i)+j));
9	return 0;
10	}

程序 10.7

【例题】

编写一个函数 void move(int (*pointer)[3])，利用指向一维数组的指针，将一个 3*3 的矩阵转置，并在主函数中进行验证。代码实现如程序 10.8 所示。

1	#include <stdio.h>
2	void move(int (*pointer)[3])
3	{
4	int i,j,t;
5	//行列互换
6	for(i=0;i<3;i++)
7	for(j=i;j<3;j++)
8	{

9	t=*(*(pointer+i)+j);
10	*(*(pointer+i)+j)=*(*(pointer+j)+i);
11	*(*(pointer+j)+i)=t;
12	}
13	}
14	int main()
15	{
16	int a[3][3],i, (*p)[3];
17	printf("Please input matrix:\n");
18	for(i=0;i<3;i++)
19	scanf("%d%d%d",&a[i][0],&a[i][1],&a[i][2]);
20	p=a; //a 为二级指针，赋给二级指针变量 p，则 p 指向二维数组的 0 行
21	move(p);
22	printf("After the matrix transpose:\n");
23	for(i=0;i<3;i++)
24	printf("%d %d %d\n",a[i][0],a[i][1],a[i][2]);
25	return 0;
26	}

程序 10.8

程序 10.8 的运行结果如图 10.2 所示。

图 10.2 程序 10.8 的运行结果

程序分析：a 是二维数组，p 和形参 pointer 是指向包含 3 个元素的一维数组的指针变量，其中数组元素为整型。在调用 move 函数时，将实参 p 的值(二级指针，值为 a)传递给形参 pointer，在 move 函数中将 a[i][j] 和 a[j][i] 的值互换。a[i][j] 的地址是 *(*(pointer+i)+j)，同理，a[j][i] 的地址是 *(*(pointer+j)+i)。将 *(*(pointer+i)+j) 和 *(*(pointer+j)+i) 互换，就是将 a[i][j] 和 a[j][i] 互换。

◇【实验习题】

(1) 阅读程序 10.9 并写出运行结果，编译运行程序来验证所写结果是否正确。

1	#include <stdio.h>
2	int main()
3	{
4	int a[2][3]={2,4,6,8,10,12};

5	printf("%d\n",a[1][0]);
6	printf("%d\n", *(*(a+1)+0));
7	return 0;
8	}

程序 10.9

(2) 在主函数中输入 10 个等长的字符串，用另一个函数对它们进行排序，然后在主函数中输出这 10 个已排好序的字符串。

(3) 将一个 7*7 矩阵中的最大元素放在中心，写一个函数实现，并用 main 函数进行验证。

10.3　指向函数的指针和返回指针的函数

◇【本节要求】

掌握指向函数的指针和返回指针的函数的使用方法。

◇【相关知识点】

一个程序由两部分组成，即代码部分和数据部分。当在程序中定义变量时，编译系统就会为变量分配相应的存储单元。存储单元是有地址的，数据是存放在以某一地址开始的一段存储空间中。同样的，编译系统也会为函数代码分配以某一地址开始的一段存储空间，函数代码的起始地址就是函数指针。

1. 函数指针

指针变量可以指向变量、字符串、数组，也可以指向一个函数。C 语言中，一个函数占用一段连续的存储区域，函数名则为该函数所占存储区域的首地址(入口地址)。可以把函数的这个首地址赋给一个指针变量，使得指针变量指向该函数，然后通过该指针变量来调用该函数。这种指向函数的指针变量称为函数指针变量。

函数指针变量定义的一般形式为：

类型说明符(*函数指针变量名)(形参列表);

例如 int (*pf)(int,int)，其中 pf 为一个指向函数入口地址的指针变量，该函数的返回值(函数值)是整型且有两个整型参数。

下面举例说明用函数指针实现函数调用的方法。在未学习函数指针变量之前，调用函数是通过函数名来完成的。下面用程序 10.10 和程序 10.11 来比较用函数名和用函数指针实现函数调用的不同。

1	#include<stdio.h>
2	int max(int x,int y)
3	{
4	if(x>y) return x;
5	else return y;
6	}

```
7    int main()
8    {
9        int a,b,c;
10       printf("please input two numbers:");
11       scanf("%d%d",&a,&b);
12       c=max(a,b);    //通过函数名调用 max 函数
13       printf("max=%d\n",c);
14       return 0;
15   }
```

程序 10.10

```
1    #include <stdio.h>
2    int max(int x,int y)
3    {
4        if(x>y) return x;
5        else return y;
6    }
7    int main()
8    {
9        int a,b,c;
10       int (*p)(int,int);    //定义指向函数的指针变量
11       p=max;                //p 指向 max 函数
12       printf("please input two numbers:");
13       scanf("%d%d",&a,&b);
14       c=(*p)(a,b);          //通过指针变量 p 调用 max 函数
15       printf("max=%d\n",c);
16       return 0;
17   }
```

程序 10.11

程序分析：

(1) 程序 10.11 中，int (*p)(int,int)用来定义 p 是一个指向函数的指针变量，该函数有两个整型参数，函数值为整型。

(2) 赋值语句 p=max 的作用是将函数 max 的入口地址赋给指针变量 p(函数名代表该函数的入口地址)。

这时，p 就是指向函数 max 的指针变量，p 和 max 都指向函数的开头，如图 10.3 所示，调用 *p 就是调用 max。

(3) p 是指向函数的指针变量，它只能指向函数的入口处而不能指向函数中间的某一条指令处，不能用 *(p+1)来表示函数的下一条指令。

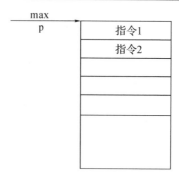

图 10.3 p 和 max 指向函数的开头

2. 返回指针的函数

一个函数既可以返回一个整型、字符型或实型数据，也可以返回指针类型的数据，即地址。返回指针的函数是指函数的返回值是一个指针(地址)。定义返回指针(地址)的函数的一般形式为：

    类型说明符*函数名(参数表)
    {
        …//函数体
    }

例如：

    int*pfunc(int x,int y)
    {
    …//函数体
    }

pfunc 是函数名，该函数的(返回值)类型为一个指向整型数据的指针(地址)。x，y 是函数 pfunc 的形参，为 int 型。注意：在 *pfunc 两侧没有括号，pfunc 的两侧分别为 * 运算符和 () 运算符，而 () 的优先级高于 * 的，因此 pfunc 先与 () 结合，这是一个函数形式，这个函数前面有一个 *，表示此函数是指针型函数(函数值是指针)。最前面的 int 表示返回的指针指向 int 型变量。

【例题】

(1) 编写一个抛硬币的小游戏，正面表示赢，获取游戏奖品；反面表示输，无奖品。代码实现如程序 10.12 所示。

1	#include <stdlib.h>
2	#include <stdio.h>
3	#include <time.h>
4	void game(int n)
5	{
6	if(n==1)
7	printf("You win and get the awards!\n");
8	else

9	printf("Sorry, you lose the game!\n");
10	}
11	int main ()
12	{
13	int r;
14	void (*p)(int); //定义指向函数的指针变量 p
15	srand((unsigned)time(NULL)); //通过 time 函数来获取随机函数种子
16	r=rand()%2; 　//产生随机数 0 或 1
17	p=game; 　　　//p 指向 game 函数
18	(*p)(r); 　　　//通过 p 调用 game 函数
19	return 0;
20	}

程序 10.12

　　程序分析：time 函数和 srand 函数的头文件分别是 time.h、stdlib.h，由于 time 函数的返回值一直在变化，可保证 srand 函数获取的随机数种子的不同。程序第 14 行定义指向 game 函数的指针变量 void (*p)(int)，void 表示 p 所指向的函数无返回值，后边括号里的 int 表示该函数只有一个 int 型形参。

　　(2) 有 4 个班级的学生进行班风评比，分别从早操、早读和课堂纪律这 3 个方面进行评分，要求在用户输入班级序号后，能输出该班级的 3 个方面的评分和总分，用返回指针的函数来实现。

　　代码实现如程序 10.13 所示。

1	#include <stdio.h>
2	int *seek(int (*pointer)[4],int k) 　//形参 pointer 是指向一维数组的指针变量
3	{
4	int *pt;
5	pt=*(pointer+k); 　//pt 的值是&score[k][0]
6	return pt;
7	}
8	int main ()
9	{
10	int score[4][4]={{70,60,80,210},{75,70,85,230},
11	{90,60,70,220},{85,70,90,245}}; 　//定义数组，存放评分
12	int *p,i,n;
13	printf("Please input the class number:");
14	scanf("%d",&n); 　//输入要找的班级序号
15	printf("The score of No.%d are: \n",n);
16	printf("Exer\tRead\tLesson\tTotal\n");
17	p=seek(score,n); 　//调用 seek 函数，返回 score[n][0]地址

```
    for(i=0;i<4;i++)
        printf("%d\t",*(p+i));    //输出 score[n][0]～score[n][3]的值
    return 0;
}
```

程序 10.13

程序 10.13 的运行结果如图 10.4 所示。

```
Please input the class number:1
The score of No.1 are:
Exer     Read     Lesson   Total
75       70       85       230
```

图 10.4 程序 10.13 的运行结果

程序分析：seek 函数定义为指针型函数，它的形参 pointer(二级指针变量)是指向包含 4 个 int 型元素的一维数组的指针变量。pointer+1 指向 score 数组序号为 1 的行(班级序号从 0 开始算)。*(pointer+1)指向 1 行 0 列的元素，其相当于将 pointer+1 指针由二级指针降为一级指针，即指针由指向行转化为指向 0 列元素。seek 函数中的 pt 是指针变量，它指向 int 型变量，而不是一维数组，其为一级指针变量。main 函数调用 seek 函数，将 score 数组首行地址传给形参 pointer(score 也为二级指针)。n 是要查找的班级序号。调用 seek 函数后，main 函数得到一个地址&score[n][0](指向第 n 个班级的第 0 个评分)，赋给 p，然后将该班级的 4 个分数(3 个评分 + 总分)输出。注意，p 是指向 int 型数据的指针变量，*(p+i)表示该班级的第 i 个分数。

◈【实验习题】

(1) 采用指向函数的指针方法编写一个用矩形法求定积分的通用函数，分别求 $\int_0^1 \sin x\,\mathrm{d}x$、$\int_0^1 \cos x\,\mathrm{d}x$、$\int_0^2 \mathrm{e}^x\mathrm{d}x$。

(2) 有若干个学生的成绩(每个学生有 4 门课程)，要求在用户输入学生序号后，能输出该学生的全部成绩，用返回指针的函数来实现。

10.4 指针数组和指向指针数据的指针

◈【本节要求】

掌握指针数组和多重指针的使用方法。

◈【相关知识点】

1. 指针数组

指针数组，顾名思义，就是说首先它是一个数组，其次该数组的所有元素是指针变量。也就是说，如果数组元素都是相同类型的指针变量，则称这个数组为指针数组。所谓相同类型的指针变量，是说所有的指针变量指向相同类型的对象。一维指针数组的定义形式为：

类型名*数组名[数组长度];

例如 int *p[4]，由于[]运算符比*运算符的优先级高，因此 p 先与[4]结合，形成 p[4]的数组形式，然后再与 p 前面的*结合，*表示此数组是指针类型的，每个数组元素都是一个指向 int 型变量的指针变量。

使用指针数组可以比较方便地处理字符串问题，例如：

> char *pcolor[5]={"Red","Yellow","Green","Blue","Orange"};

表示将字符串"Red"、"Yellow"、"Green"、"Blue"、"Orange"的首地址分别存放到指针数组元素 pcolor[0]、pcolor[1]、pcolor[2]、pcolor[3]、pcolor[4]中。

2. 指向指针数据的指针

定义一个指向指针数据的指针变量，例如 int**p 表示指针变量 p 是指向一个整型指针变量，如程序 10.14 所示。

1	#include stdio.h>
2	int main()
3	{
4	int a=1,*p,**q,***r;
5	p=&a;q=&p;r=&q;
6	printf("%d,%d,%d,%d\n",a,*p,**q,***r);
7	a=2; printf("%d,%d,%d,%d\n",a,*p,**q,***r);
8	*p=3; printf("%d,%d,%d,%d\n",a,*p,**q,***r);
9	**q=4; printf("%d,%d,%d,%d\n",a,*p,**q,***r);
10	***r=5; printf("%d,%d,%d,%d\n",a,*p,**q,***r);
11	}

程序 10.14

程序 10.14 的运行结果如图 10.5 所示。

图 10.5 程序 10.14 的运行结果

程序 10.14 的 3 条语句"p=&a; q=&p; r=&q;"的功能示意图如图 10.6 所示。

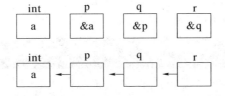

图 10.6 程序 10.14 的 3 条语句的功能示意图

int 型变量 a 的初值为 1，语句 p=&a 使一重指针变量 p 指向变量 a；语句 q=&p 使二重指针变量 q 经过一重指针变量 p 指向变量 a；语句 r=&q 使得三重指针变量 r 连续经过两个指针变量 q 和 p 指向变量 a。以上程序运行结果验证了 4 条语句 a=2，p=3，*q=4，***r=5

的功能相同，都是对同一个变量 a 赋值。

必须注意的是，3 条语句 p=&a，q=&p，r=&q 的顺序是由 p，q，r 的定义所规定的，不可颠倒和"越级"。例如 r=&a 或者 q=&a 都是错误的。

【例题】

(1) 编写一个程序，输入星期一到星期天的编号，比如星期一对应编号为 1，星期二对应编号为 2，以此类推，星期六对应编号为 6，星期天对应编号为 7，输出相应的英文名，用指针数组处理。代码实现如程序 10.15 所示。

1	#include <stdio.h>
2	int main ()
3	{
4	char *w[7]={"Monday","Tuesday","Wednesday",
5	"Thursday","Friday","Saturday","Sunday"};　　//定义 char 型指针数组
6	int num;
7	printf("Please input any integer from 1 to 7: ");
8	scanf("%d",&num);　　//输入对应的编号
9	//利用 switch 语句，根据输入的编号输出相应的英文名
10	switch(num)
11	{
12	case 1:printf("%s",w[0]);break;
13	case 2:printf("%s",w[1]);break;
14	case 3:printf("%s",w[2]);break;
15	case 4:printf("%s",w[3]);break;
16	case 5:printf("%s",w[4]);break;
17	case 6:printf("%s",w[5]);break;
18	case 7:printf("%s",w[6]);break;
19	default: printf("The number is error! ");
20	}
21	return 0;
22	}

程序 10.15

程序 10.15 的运行结果如图 10.7 所示。

```
Please input any integer from 1 to 7: 2
Tuesday
```

图 10.7　程序 10.15 的运行结果

程序分析：程序第 4 行定义的 char 型指针数组 w，其 7 个元素(w[0]～w[6])均为 char 型指针变量，其初始值为星期一到星期天的英文字符串常量，也即 w[0]～w[6]分别按顺序指向"Monday"、"Tuesday"、"Wednesday"、"Thursday"、"Friday"、"Saturday"和"Sunday"这 7 个字符串常量的首地址。接着利用 switch 语句，根据输入的编号输出相应的英文名。

(2) 将 5 个书名从小到大排序后输出，用指向指针的指针处理。代码实现如程序 10.16 所示。

```c
#include <stdio.h>
int main ()
{
    //定义 char 型指针数组，每个元素都是一个字符型指针，并给数组赋初值
    char *w[5]={"C Program","Basic","English","Java","Philosophy "};
    char **p=w,*temp;    //定义指向指针的指针变量 p
    int i,j,k;
    //选择排序法进行排序
    for(i=0;i<4;i++)
    {
        k=i;
        for(j=i+1;j<5;j++)
            if(strcmp(*(p+k),*(p+j))>0)k=j;
        if(k!=i)
        {
            //w 数组元素的互换
            temp=*(p+k);
            *(p+k)=*(p+i);
            *(p+i)=temp;
        }
    }
    for(i=0;i<5;i++)
        printf("%s\n",*(p+i));
    return 0;
}
```

程序 10.16

程序 10.16 的运行结果如图 10.8 所示。

图 10.8　程序 10.16 的运行结果

程序分析：p 为指向 char 型指针的指针变量，其初始值为 char 型指针数组 w 的首地址，也即数组元素 w[0]的地址，而 w[0]存放的是字符串常量 "C Program" 的首地址。从程序第 9 行开始采用选择排序法进行排序，由于 p 指向了 w，因此 *(p+j)相当于元素 w[j]。

同理，*(p+i)相当于元素 w[i]，*(p+k)相当于元素 w[k]，它们的初始值存放的是字符串常量的首地址，互换相当于存放的字符串常量的首地址互换，即 *(p+i)指向了 *(p+k)之前指向的字符串常量，而 *(p+k)指向了 *(p+i)之前指向的字符串常量。

◇【实验习题】

(1) 将 5 个书名从小到大排序后输出，用指针数组处理。

(2) 用指向指针的指针的方法对输入的 10 个整数进行排序，其中排序部分单独编写一个函数 void sort(int **p,int n)，10 个整数在主函数中输入，调用排序函数 sort 后，在主函数中输出。

第 11 章　复杂数据类型

前面介绍了 C 语言的基本数据类型，但是在实际设计一个较复杂的程序时，仅有这些基本类型的数据是不够的，有时需要将一批各种类型的数据放在一起使用，因此引入了构造类型数据的概念，例如前面介绍的数组就是一种构造类型的数据，一个数组实际上是将一批相同类型的数据顺序存放。这里要介绍的是 C 语言中另一类更为常用的构造类型数据，即结构体、共用体及枚举。

11.1　结　构　体　类　型

◇【本节要求】

掌握结构体类型的定义及结构体变量的定义，正确理解结构体类型与结构体变量的关系。

◇【相关知识点】

以前各章所讨论的数据是单一的数据类型，而在实际应用中所涉及变量的属性是各种基本数据类型的组合，因此在 C 语言程序设计中引入了结构体类型的概念。结构体类型是 C 语言的一种构造数据类型，它用于描述具有多个数据成员且每个数据成员具有不同数据类型的数据对象。例如描述一个学生的基本情况，涉及学号、姓名、性别、年龄、成绩，如表 11.1 所示，要处理这样一个由不同数据类型构成的对象，就需要定义一个结构体类型。

表 11.1　学生的基本情况

学号	姓名	性别	年龄	成绩
字符串	字符串	字符	整型	实型

1. 结构体类型的定义

结构体类型定义的一般形式为：

```
struct 结构体名
{
    类型名 1   成员名 1;
    类型名 2   成员名 2;
        …
    类型名 n   成员名 n;
};
```

其中，"struct"是结构体类型定义的关键字，是英文单词 structure 的缩写形式。"结构体名"是用户自定义的结构体类型标识符，也称为结构体类型名。"struct 结构体名"作为一个整体与 C 语言的基本数据类型具有同样的地位和作用。花括号中的结构体成员表定义了此结构体内所包含的每一个成员的类型，它们组成了一个结构体。结构体名和结构体成员名的命名规则与简单变量名的命名规则相同。

注意：在书写结构体类型定义时，不要忽略最后的分号。

例如，对表 11.1 所描述的数据形式可定义如下的结构体类型：

```
struct student
    {
            char num[10];
            char name[20];
            char sex;
            int age;
            float score;
    };
```

经过以上定义，即向编译系统声明用户定义了一个结构体类型，结构体名为 student，该结构体的全体成员包括 num、name、sex、age 和 score，它们在结构体中被依次作了类型定义。结构体成员的类型既可以是基本数据类型，也可以是构造类型或者指针类型。

结构体类型定义仅仅是对一种特定的数据结构的描述，用户为了建立和描述不同的数据结构模型，可以定义不同形式的结构体，并由不同的结构体名来标识。结构体类型一旦建立，就规定了该结构体自身所占用存储空间的存储模型。除此之外，它不含有任何具体的数据内容，所以系统在编译此段代码时，并不为它分配实际的存储空间。

2. 结构体类型变量的定义

结构体类型变量(简称结构体变量)的定义有 3 种方式。

(1) 先定义结构体类型，再定义结构体变量。

一般形式如下：

```
struct 结构体名
    {
            结构体成员表；
    };
    struct 结构体名 结构体变量名表；
```

例如：

```
struct student
    {
            char num[10];
            char name[20] ;
            char sex;
            int age;
            float score;
```

```
    };
      struct student student1，student2;
```

即在定义了结构体类型 struct student 后，利用该类型定义了两个变量 student1 与 student2。结构体变量一旦被定义，系统就会按照结构体类型的组成为其分配内存单元。结构体变量的各个成员在内存中占用连续的存储区域，结构体变量所占内存大小为结构体中每个成员所占用内存的长度之和。如上面定义的结构体变量 student1 在内存中的存储情况如图 11.1 所示(假定 int 型占用 2B，如在 Turbo C 中)。

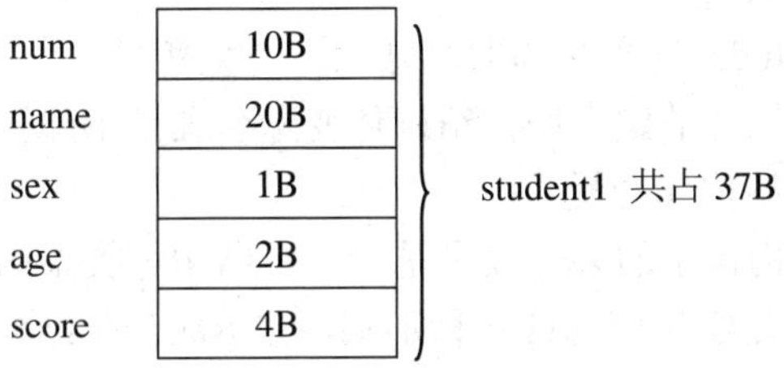

num	10B
name	20B
sex	1B
age	2B
score	4B

student1 共占 37B

图 11.1　student1 的存储情况

这里特别提醒注意的是：在定义结构体类型时并不分配内存空间，只有在定义结构体变量后才分配实际的存储空间。

(2) 在定义结构体类型的同时定义结构体变量。一般形式如下：

```
    struct  结构体名
    {
          结构体成员表;
    } 结构体变量名表;
```

例如：

```
    struct student
    {
          char num[10];
          char name[20];
          char sex;
          int age;
          float score;
    } student1,student2;
```

即在定义结构体类型 struct student 的同时定义了该类型的两个变量 student1、student2。

(3) 在定义结构体类型时省略结构体名，直接定义结构体变量。

一般形式如下：

```
    struct
    {
          结构体成员表;
    }结构体变量名表;
```

例如：

```
struct
{
        char num[10];
        char name[20];
        char sex;
        int age;
        float score;
}student1, student2;
```

这时 student1、student2 也称为匿名结构体类型变量。

注意：在匿名结构体的定义中，结构体变量名表是不能缺少的，并且在程序中不能再定义相同类型的其他结构体变量。

C 语言也允许结构体中的某个成员是另一个结构体类型的变量，即结构体类型可以嵌套定义。如表 11.2 也是学生信息的一种形式，它组成一个结构体，在它的内部有一个变量(出生日期)也自成一个结构体。

表 11.2　学 生 信 息

学号	姓名	性别	出生日期			成绩
			年	月	日	
字符串	字符串	字符	整型	整型	整型	实型

对表 11.2 的数据形式可以有如下的结构体类型定义：

```
struct date
{
        int year;
        int month;
        int day;
};
struct stud
{
        char num[10];
        char name[20];
        char sex;
        struct date birthday;
        float score;
};
```

也可以采用结构体类型的嵌套定义形式。如：

```
struct stud
{
        char num[10];
        char name[20];
```

```
        char sex;
        struct date
        {
            int year;
            int month;
            int day;
        }birthday;
        float score;
    };
```

如有以下定义：

```
    struct stud student3;
```

则结构体变量 student3 在内存中的存储情况如图 11.2 所示。

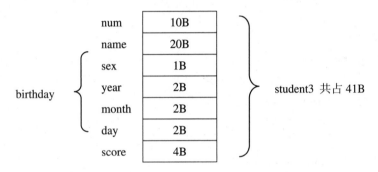

图 11.2　student3 的存储情况

3. 结构体变量的引用

结构体变量引用的一般方式为：

　　结构体变量名.成员名；

"."被称为成员运算符，它在所有运算符中的优先级最高，所以可以把"结构体变量名.成员名"作为一个整体看待。如：

```
    student3.score=94.5;
    strcpy(student3.name，"Zhang San");
```

如果成员变量又是结构体类型，必须一级一级地找到最低级成员变量，然后对其进行引用。如：

```
    student3.brithday.year=1985;
    student3.brithday.month=2;
    student3.brithday.day=20;
```

结构体变量的成员所能进行的运算与同类型的普通变量相同。如：

```
    student2.score=student1.score;
    sum=student1.score+student2.score;
    student1.age++;
    scanf("%d",&student1.age);
```

同类型的结构体变量可以直接赋值。如：

```
student2=student1;
```

4. 结构体变量的初始化

结构体变量的初始化是指在定义结构体变量的同时为其成员变量赋初值。

【例题】

初始化结构体变量并输出相应的信息，代码实现如程序 11.1 所示。

1	`#include <stdio.h>`
2	`struct date`
3	`{`
4	`    int year;`
5	`    int month;`
6	`    int day;`
7	`};`
8	`struct stud`
9	`{`
10	`    char num[10];`
11	`    char name[20];`
12	`    char sex;`
13	`    struct date birthday;`
14	`    float score;`
15	`};`
16	`int main()`
17	`{`
18	`    struct stud stud1={"200608247","Zhang San",'F',{1988,3,15}, 94};`
19	`    struct stud stud2=stud1;`
20	`    stud2.score=99;`
21	`    printf("No.:%s\n",stud1.num);`
22	`    printf("name:%s\n",stud1.name);`
23	`    printf("sex:%c\n",stud1.sex);`
24	`    printf("birthday: year:%4d month:%2d day:%2d\n",stud1.birthday.year,`
25	`    stud1.birthday.month,stud1.birthday.day);`
26	`    printf("stud1 score:%5.1f\n",stud1.score);`
27	`    printf("stud2 score:%5.1f\n",stud2.score);`
28	`    return 0;`
29	`}`

程序 11.1

程序 11.1 的运行结果如下：

No.:200608247

name:Zhang San

sex:F

birthday: year:1988 month: 3 day:15

stud1 score: 94.0

stud2 score: 99.0

程序分析：程序 11.1 中先初始化结构体变量 stud1，再利用已初始化的结构体变量 stud1 去初始化另一个结构体变量 stud2。

初始化数据的数据类型及顺序要和结构体类型定义中的结构体成员相匹配。如果初始化数据中包含多个结构体成员的初值，则这些初值之间要用逗号分隔。可以同时对多个结构体变量进行初始化，它们之间也是用逗号来分隔的。

C 语言规定，不能跳过前面的结构体成员而直接给后面的成员赋初值，但可以只给前面的成员赋初值。这时，未得到初值的成员由系统根据其数据类型自动赋初值 0(数值型)、'\0'(字符型)或 NULL(指针型)。

◇【实验习题】

建立一个结构体 stuinfo，包含学生的姓名和成绩，从键盘输入学生的姓名和成绩，然后输出。

11.2　结构体类型数组

◇【本节要求】

掌握结构体数组变量对结构体成员的引用。

◇【相关知识点】

1. 结构体数组的定义

跟简单变量一样，一个结构体变量一次只能存放一组数据，如存放某一个学生的信息。若有某一个班级的学生信息需要存放、运算，这时就应该使用数组了，也就是结构体数组。结构体数组是同类型结构体变量的集合。

结构体数组的定义和结构体变量的定义方式基本相同，只需在原变量名说明的后面加上一对方括号，方括号中指明数组元素的个数。此时，变量名就是结构体数组名。

定义结构体类型数组有以下 3 种方法。

(1) 先定义结构体类型，再定义结构体数组。

例如：

```
struct student
{
    int num;
    char name[20];
    char sex;
```

```
            int age;
            float score;
        };
        struct student stu[3];
```

以上定义了一个类型为 struct student 的结构体数组 stu，该数组共有 3 个元素，它们在内存中连续存放。

(2) 定义结构体类型的同时定义结构体数组。

例如：

```
        struct student
        {
            int num;
            char name[20];
            char sex;
            int age;
            float score;
        }stu1[30],stu2[10];
```

定义了两个 struct student 类型的结构体数组 stu1 和 stu2。

(3) 直接定义结构体类型数组。

例如：

```
        struct
        {
            int num;
            char name[20];
            char sex;
            int age;
            float score;
        }stu1[30],stu2[10];
```

直接定义了两个结构体数组 stu1 和 stu2。

2. 结构体数组初始化与引用

结构体数组的引用方式跟结构体变量的基本相同，同样需要用引用符号"."，唯一的区别在于引用结构体数组时是引用每个结构体数组元素的成员，如(1)中的数组 stu[3]，则 stu[i].score 表示数组 stu 中下标为 i 的元素中的成员 score，这里 i 的取值范围为 0～2。

结构体数组的初始化方式跟基本类型的变量数组的初始化方式相似，但由于此时数组元素是结构体类型，它包含有一个或多个成员，因此在赋初值时需要用两对花括号配套使用。沿用(1)中的数组定义，对 stu 初始化赋值如下：

```
    struct  student  stu[3]  =  {{101,"Xiao  Ming",'M',21,89},  {102,"Zhang  Fang",'F',22,74},  {103,"Li Lei",'M',20,85}};
```

初始化过的结构体数组 stu 在内存中的存储结构如图 11.3 所示。

	num	name	sex	age	score
stu[0]:	101	Xiao Ming	M	21	89
stu[1]:	102	Zhang Fang	F	22	74
stu[2]:	103	Li Lei	M	20	85

图 11.3　初始化后的 stu 的存储结构

3. 结构体数组的输入和输出

对结构体数组数据的输入或输出可利用 for 循环结构实现。

例如：

```
int i;
for(i=0; i<3; i++)
{
    scanf ("%d    %s    %c    %d    %f",
        &stu[i].num, stu[i].name, &stu[i].sex, &stu[i].age, &stu[i].score);
}
```

这是给数组 stu[3]的元素赋值操作，下面以具体实例来说明结构体数组的输入输出。

【例题】

维护并输出学生信息，代码实现如程序 11.2 所示。

```
1    #include <stdio.h>
2    #define N 3

3    struct dte
4    {
5        int year;
6        int month;
7        int day;
8    };
9    struct student
10   {
11       char num[10];
12       char name[20];
13       char sex;
14       struct date birthday;
15       float score[4];
16   };
17   int main()
18   {
```

19	struct student stud[N]=
20	{ {"200608247","Zhang San",'M',1999,3,15,75,90,94},
21	{"200606677","Li Wei",'M',1997,6,24,85,90,82},
22	{"200606688","Wang Qin",'F',1998,2,29,95,70,80}};
23	int i;
24	printf("No. Name Sex Birthday score1 score2 score3 total \n");
25	for(i=0;i<N;i++)
26	{
27	stud[i].score[3]=stud[i].score[0]+stud[i].score[1]+stud[i]. score[2];
28	printf("%s %s %c %4d %2d %2d %6.1f %6.1f %6.1f %6.1f\n",
29	stud[i].num, stud[i].name, stud[i].sex,
30	stud[i].birthday.year,stud[i].birthday.month,stud[i].birthday.day,
31	stud[i].score[0],stud[i].score[1],stud[i].score[2],stud[i].score[3]);
32	}
33	return0;
34	}

程序 11.2

程序 11.2 运行结果如下：

No.	Name	Sex	Birthday		score1	score2	score3	total
200608247	Zhang San	M	1999	3 15	75.0	90.0	94.0	259.0
200606677	Li Wei	M	1997	6 24	85.0	90.0	82.0	257.0
200606688	Wang Qin	F	1998	2 29	95.0	70.0	80.0	245.0

程序分析：程序先定义一个结构体 date，它有 3 个成员 year、month 和 day，分别表示年、月、日，然后定义学生信息结构体 student，包括学号、姓名、性别、出生日期及 3 门课的分数和总分，这里出生日期使用结构体 date 表示。在 main 中定义 stud 为 student 类型的结构体数组，用于存放 3 位学生的信息，并初始化该结构体类型数组，之后在 for 语句中计算每位学生的总分，并用 printf 语句输出所有学生的信息。

◇【实验习题】

输入 10 个学生的信息(包括学号、姓名、性别、年龄、成绩)组成结构体数组，分别统计男、女生人数，计算全体学生的平均年龄、平均成绩。

11.3   结构体类型指针

◇【本节要求】

掌握结构体指针变量对结构体变量、结构体数组的应用。

◇【相关知识点】

1. 指向结构体变量的指针

一个结构体变量的指针就是该变量在内存中所占用的存储空间的首地址。可以定义一个指针变量用来指向一个结构体变量，此时该指针变量的值就是结构体变量的首地址。

指向结构体变量的指针变量定义的一般形式为：

struct 结构体名 *结构体指针变量名；

如 struct student *ps 即定义一个指针变量 ps，它可以指向结构体类型 struct student 的变量。

程序 11.3 为结构体变量的指针变量的定义与应用。

```
1      #include <stdio.h>
2      #include <string.h>
3      struct student
4      {
5          char num[10];
6          char name[20];
7          char sex;
8          float score;
9      };
10     int main()
11     {
12         struct student stud1;
13         struct student *p;
14         p=&stud1;
15         strcpy((*p).num,"200606688");
16         strcpy((*p).name,"Wang Yue");
17          (*p).sex='F';
18          (*p).score=80;
19         printf("No.:%s\nname:%s\nsex:%c\nscore:%g\n",
20          (*p).num,(*p).name,(*p).sex,(*p).score);
21         return 0;
22     }
```

程序 11.3

程序 11.3 的运行结果为：

No.:200606688

name:Wang Yue

sex:F

score:80

程序分析：在程序中首先定义了一个 struct student 类型的变量 stud1，同时又定义了一个指针变量 p，它指向一个 struct student 类型的数据，并将结构体变量 stud1 的首地址赋给指针变量 p，也就是使 p 指向 stud1，然后通过指针变量 p 来实现对 stud1 各成员的引用，如图 11.4 所示。

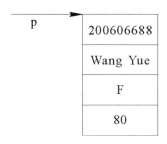

图 11.4　p 对 stud1 各成员的引用

通过指针变量引用结构体成员的一般形式为：

(*结构体指针变量名). 结构体成员名；

这种方式是一种间接引用方式，如 (*p).score 是代表指针变量 p 指向的结构体变量中的成员 score。由于运算符“.”的优先级比运算符“*”的优先级高，所以，*p 必须用圆括号括起来。

为了使通过指针变量引用结构体变量中的成员的方式更加直观，C 语言还提供了另一种引用形式：

结构体指针变量名->结构体成员名；

其中，“->”称为指向成员运算符。因此，引用结构体变量成员的方式就有了 3 种表达形式：

(1) 结构体变量名. 结构体成员名。

(2) (*结构体指针变量名). 结构体成员名。

(3) 结构体指针变量名→结构体成员名。

指向成员运算符与点运算符具有相同的优先级。

如果有：

struct student student1;

struct student *pStudent=&student1;

则下面 3 种形式等价：

student1.score;

(*pStudent).score;

pStudent→score;

所以，程序 11.3 中最后一个 printf 函数也可改为：

printf("No.:%s\nname:%s\nsex:%c\nscore:%g\n",　　 p->num,p→name,p→sex,p→score);

2. 指向结构体数组的指针

像普通的指针变量可以指向普通的数组或数组元素一样，也可以设置一个结构体指针变量去指向同一类型的结构体数组或结构体数组元素。

【例题】

程序 11.4 为指向结构体数组的指针变量的应用。

1	#include <stdio.h>
2	struct student
3	{
4	char num[10];
5	char name[20];
6	char sex;
7	float score;
8	};
9	int main()
10	{
11	struct student stud[]={{"200608247","Zhang San",'M',94},
12	{"200606677","Chen Yong",'M',82},
13	{"200606688","Wang Yue",'F',80}};
14	struct student *p;
15	printf("\nNo.　　　　Name　　　　Sex Score\n");
16	for(p=stud;p<stud+3;p++)
17	{
18	printf("%s　　%s　　%c　　%g\n",p→num,p→name, p→sex,p→score);
19	}
20	return 0;
21	}

程序 11.4

程序 11.4 的运行结果为：

No.	Name	Sex	Score
200608247	Zhang San	M	94
200606677	Chen Yong	M	82
200606688	Wang Yue	F	80

　　程序分析：程序 11.4 中定义了 struct student 类型的指针变量，通过 p=stud 使得指针变量 p 指向了结构体数组 stud 的首地址，即指向 stud[0]。for 语句每循环执行一次，执行 p++ 操作使得指针变量 p 指向 stud 数组的下一个元素，如图 11.5 所示。因为指针变量 p 是指向结构体数组 stud 的，stud 数组的每一个元素占据的存储单元是 35B(10 + 20 + 1 + 4 = 35)，所以指针变量 p 进行自加 1 操作时，就是将指针跳过一个数组元素的存储空间，即跳过 35B 而去指向下一个数组元素。即如果指针变量 p 指向结构体数组 stud 的第 1 个元素的起始地址，则 p+1 将指向第 2 个元素的起始地址，p+2 将指向第 3 个元素的起始

地址。

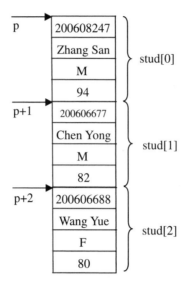

图 11.5 p++ 操作指向 stud 的数组元素

在对结构体类型的指针变量进行操作时，要特别注意其含义与效果。假定 stud 是一个 struct student 类型的数组，p 是指向 stud 起始地址的指针变量，则：

(1) ++p→score 表示把 stud[0]的成员 score 自加 1。由于指向成员运算符"→"的优先级别高，所以++p→score 相当于 ++(p→score)。

(2) (++p)→score 表示先使结构体指针变量 p 自加 1，指向下一个数组元素的起始地址，再引用它所指向的数组元素的成员 score 的内容，即 stud[1].score。

(3) (p++)→score 表示先引用结构体指针变量 p 所指数组元素的成员 score 的内容，即 stud[0].score，再对指针变量 p 进行自加 1 操作，使该指针变量指向下一个数组元素 stud[1] 的起始地址。

◇【实验习题】

建立一个结构体 score，包含学生的学号、C 语言成绩(c)、高数成绩(math)和英语成绩(english)，输入 10 人的记录，对这 10 人的记录分别按学号和 C 语言成绩降序排序并输出。

11.4 结构体与函数

◇【本节要求】

掌握结构体变量作为函数参数的使用方法。

◇【相关知识点】

函数的参数可以向函数传递值，并且参数可以是各种数据类型，但它们多是单值，比如 int、float、char 或者指针类型。结构体比单值要复杂一些，因此旧的 ANSI C 标准不允许将结构体变量作为参数传递给函数。新的 ANSI C 标准取消了这个限制，允许把它作为参数。因此，现在的 C 语言既允许将一个结构体变量作为参数传递，也允许把指向结构体的指针作为参数传递。下面就这两个方面进行讨论。

1. 用结构体变量作为函数参数

实参与形参的数据传递采用的是"值传递"方式，即将实参中结构体变量的值全部顺序传递给形参。结构体变量也可以作为一个实参整体传递给相应的形参，当然，形参必须是与实参同类型的结构体变量。在函数调用的执行期间，系统也要为形参分配与实参一样大小的存储空间。

下面以两个例题来说明用结构体变量作为函数参数的使用方法。

(1) 建立一个学生的成绩单，包括学生学号、姓名、成绩。要求在主函数中赋值，另一函数完成打印功能。代码实现如程序 11.5 所示。

```
1   #include <stdio.h>
2   struct student
3   {
4       char num[10];
5       char name[20];
6       float score;
7   };
8   void printstruct(struct student st)
9   {
10      printf("%s    %s    %g\n",st.num,st.name,st.score);
11  }
12  int main()
13  {
14      int i;
15      struct student stud[]={ {"200608247","Zhang    San",94},
16                              {"200606677","Chen    Yong",82},
17                              {"200606688","Wang    Yue",80}};
18      printf("\nNo.            name            score\n");
19      for(i=0;i<3;i++)
20      {
21          printstruct(stud[i]);
22      }
23      return 0;
24  }
```

程序 11.5

程序 11.5 的运行结果为：

No.	name	score
200608247	Zhang San	94
200606677	Chen Yong	82
200606688	Wang Yue	80

　　程序分析：在程序 11.5 中，struct student 结构体类型被定义为一个全局结构体类型。主函数中定义了一个 struct student 类型的数组 stud，在调用 printstruct 函数时，实参 stud[i] 为 struct student 类型的数组元素，所以 printstruct 函数的形参 st 被定义为 struct student 类型的变量。

　　函数也可以返回结构体类型的值。

　　(2) 有一结构体变量 stud，内含学生学号、姓名、成绩。利用一个函数给结构体变量赋值，另一个函数完成结构体变量的输出。代码实现如程序 11.6 所示。

```
1    #include <stdio.h>
2    #include <string.h>
3    struct student
4    {
5         char num[10];
6         char name[20];
7         float score;
8    };
9    void printstruct(struct student st)
10   {
11        printf("%s     %s     %g\n",st.num,st.name,st.score);
12   }
13   struct student initialstruct(char *num,char *name,float score)
14   {
15        struct student stud;
16        strcpy(stud.num,num);
17        strcpy(stud.name,name);
18        stud.score=score;
19        return stud;
20   }
21   int main()
22   {
23        struct student student1;
24        student1=initialstruct("200608247","Zhang  San",94);
25        printf("\nNo.          Name          Score\n");
26        printstruct(student1);
```

| 27 | return 0; |
| 28 | } |

程序 11.6

程序 11.6 的运行结果为：

No.	Name	Score
200608247	Zhang　San	94

程序分析：在程序 11.6 中，用来给结构体变量各个成员赋值的 initialstruct 函数返回一个 struct student 类型的值，再将这个值作为实参去调用 printstruct 函数完成输出。

2. 用指向结构体变量的指针作为函数参数

结构体类型的指针变量是指向结构体变量或结构体数组的，在结构体类型指针作为函数参数的情况下，采用的是"地址传递"方式。因此，如果在被调函数中改变了结构体类型形参指针所指的地址中的值，实际上也就改变了主调函数的实参指针所指地址中的值。这是因为结构体类型的形参指针与结构体类型的实参指针所指向的是同一个存储空间。

【例题】

建立一个学生成绩单，包括学生姓名、3 门课成绩及平均分。要求主函数仅提供学生的基本信息，定义 average 函数统计学生的平均成绩，定义 prt 函数完成输出全部学生完整信息的功能。代码实现如程序 11.7 所示。

1	#include <stdio.h>
2	#define N 3
3	struct student
4	{
5	char num[10];
6	char name[20];
7	float score[3];
8	float aver;
9	};
10	void prt(struct student *p, int n)
11	{
12	int i;
13	for(i=0;i<n;i++)
14	{
15	printf("%s %s%6.1f %6.1f %6.1f %6.1f\n",(p+i)→num, (p+i)→name,
16	(p+i)→score[0], (p+i)→score[1], (p+i)→score[2], (p+i)→aver);
17	}
18	}
19	void average(struct student *p)

20	{
21	p→aver=(p→score[0]+ p→score[1]+ p→score[2])/3 ;
22	}
23	int main()
24	{
25	struct student stud[N]= { {"200608247","Zhang San",75,90,94},
26	{"200606677","Chen Yong",85,90,82},
27	{"200606688","Wang Yue",95,70,80}};
28	struct student*pstud;
29	int j;
30	for(j=0;j<N;j++)
31	{
32	pstud=&stud[j];
33	average(pstud);
34	}
35	printf("\nNo. Name score1 score2 score3 average \n");
36	prt(stud,N);
37	return 0;
38	}

程序 11.7

程序 11.7 的运行结果为：

```
No.          Name        score1 score2 score3 average
200608247 Zhang   San    75.0   90.0   94.0   86.3
200606677 Chen    Yong   85.0   90.0   82.0   85.7
200606688 Wang    Yue    95.0   70.0   80.0   81.7
```

程序分析：在调用 prt 函数时，第一个实参 stud 是结构体数组名，它代表结构体数组的起始地址。将这个起始地址传递给形参指针变量 p，就使得 p 指向了 stud 数组的起始地址，即 stud[0]的地址，prt 函数中的 p+i 就是 stud[i]的地址。

◇【实验习题】

(1) 定义一个日期结构体变量(包括年、月、日)；编写一个函数 days，实现判断某日是该年中的第几天(注意闰年问题)；主函数中输入日期，输出该日在该年中是第几天。

(2) 使用结构体数组存放考生记录，考生信息包括准考证号(num)、姓名(name)、性别(sex)、成绩(score[ ])，包括 3 门课。

① 编写 input 函数，实现考生数据的输入。

② 编写 out 函数，实现考生数据的输出。

③ 编写 search 函数，找出总分最高和最低的考生信息。

④ 编写 sort 函数，按准考证号升序排列输出考生信息。

11.5 共 用 体

◇【本节要求】

掌握共用体的应用。

◇【相关知识点】

在实际问题中有这样一些例子，例如学校的教师和学生共同使用以下表格：姓名、年龄和单位。其中"单位"一项学生应填入班级，教师应填入某教研室，班级可以用整型量表示，教研室可以用字符串表示。要求把这两种类型不同的数据都填入"单位"这个变量中，就必须把"单位"定义为包含整型和字符型数组这两种类型的"共同"变量。

1. 共用体类型的定义

共用体又称联合体，其含义是多个成员数据共用同一段内存空间。这些分配在同一段内存空间的不同数据在存储时采用相互覆盖的技术。例如，如果有一个整型变量、一个字符型变量、一个实型变量在程序中不是同时使用，则可把这 3 个变量放在同一个地址开始的内存空间中。由于这 3 个变量各自占据的内存空间的字节数都不相同，但又要从同一个内存地址开始存放，所以这个变量之间只能是互相覆盖，系统将保留最后一次赋值的变量的内容，且这个内存存储空间的长度以这 3 个变量中所需存储空间最大的为准，即实型变量所需的 4B，如图 11.6 所示。这种使不同变量共用同一段内存空间的结构称为共用体类型结构。

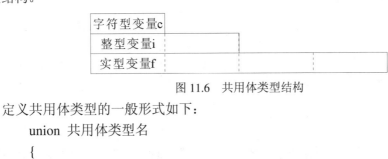

图 11.6 共用体类型结构

定义共用体类型的一般形式如下：

```
union  共用体类型名
{
    成员名表;
};
```

例如，定义如图 11.6 所示的共用体类型结构如下：

```
union data
{
    char c;
    int i;
    float f;
};
```

即定义一个共用体类型，包含 3 个成员，分别为字符型成员 c、普通整型成员 i、单精度实型成员 f。

2. 共用体类型变量的定义

共用体类型变量的定义方式与结构体类型变量的定义方式相同，也有如下 3 种形式。

(1) 先定义共用体类型，再定义共用体变量。

例如：

```
union data
{
    char c;
    int i;
    float f;
};
union data a,b;
```

(2) 在定义共用体类型的同时定义共用体变量。

例如：

```
union data
{
    char c;
    int i;
    float f;
} a,b;
```

(3) 在定义共用体类型时省略共用体名，直接定义共用体变量。

例如：

```
union
{
    char c;
    int i;
    float f;
} a,b;
```

从以上形式可以看出，共用体与结构体的定义形式相似，但是它们的含义是完全不相同的。结构体变量所占用的内存空间长度是结构体类型中所有成员占据内存空间的长度之和，而且结构体变量中的每个成员分别拥有自己的内存空间；而共用体变量所占用的内存空间长度是所有成员中占据内存空间最大的那个成员的存储空间长度。如共用体类型 uniondata 的两个共用体变量 a 和 b 的长度都是 4B，即取 c、i 和 f 3 个成员中占据内存空间最大的成员长度作为该共用体变量的长度，而且共用体变量中的各个成员共用同一个起始地址的内存存储区。

3. 共用体变量的引用

共用体变量也要先定义后引用，不能直接引用共用体变量本身，只能引用共用体变量中的成员。引用共用体变量成员的一般形式如下：

共用体变量名.成员名;

应当注意的是，一个共用体变量不能同时存放多个成员的值，而只能存放其中一个成员的值，就是最后赋的值。例如：

　　　b.i = 256;

　　　b.ch = 'F';

　　　b.f = 1.28;

　　共用体变量中最后的值是 1.28。因此通过下面的 printf 语句，不能得到 b.i 和 b.ch 的值：

　　　printf("%d, %c, %f",b.i, b.ch, b.f);

　　新的 ANSI C 标准允许在两个同类型的共用体变量之间赋值，例如，已经定义了 union data 类型的变量 a,b，则执行 b=a 后，b 的内容与 a 的完全相同。

【例题】

(1) 阅读程序 11.8，说明共用体的使用。

1	#include <stdio.h>
2	int main()
3	{
4	union data
5	{
6	int i;
7	char ch;
8	float f;
9	}a,b,c;
10	a.i=8;
11	b=a;
12	c=b;
13	printf("b.i=%d, c.i=%d\n",b.i,c.i)
14	return 0;
15	}

程序 11.8

程序 11.8 的运行结果为：

　　b.i=8, c.i=8

(2) 设有若干个人员的数据，其中有学生和教师。学生数据包括姓名、号码、性别、职业、班级；教师数据包括姓名、号码、性别、职业、职务，如表 11.3 所示。要求输入人员数据，然后输出。代码实现如程序 11.9 所示。

表 11.3　学生和教师数据

num	name	sex	job	class(班级) / position(职务)
8247	WangYu	F	S	602
1001	LiLe	M	T	professor

```
1    #include <stdio.h>
2    struct
3    {
4        int num;
5        char name[10];
6        char sex;
7        char job;
8        union data
9        {
10           int class;
11           char position[10];
12       }category;
13   }person[2];
14   int main()
15   {
16       int i;
17       for(i=0;i<2;i++)
18       {
19           printf("please input num name sex job class or position:");
20           scanf("%d %s %c %c", &person[i].num, person[i].name,
21               &person[i].sex, &person[i].job);
22           if(person[i].job == 'S')
23               scanf("%d", &person[i].category.class);
24           else if(person[i].job == 'T')
25           scanf("%s", person[i].category.position);
26           else
27               printf("Input error!");
28       }
29       printf("\n");
30       printf("No.    name        sex job class/position\n");
31       for(i=0;i<2;i++)
32       {
33           if (person[i].job == 'S')
34               printf("%-6d%-10s%-4c%-4c%-6d\n",person[i].num,
35               person[i].name, person[i].sex, person[i].job,person[i].category.class);
36           else
37               printf("%-6d%-10s%-4c%-4c%-6s\n",person[i].num,
38   person[i].name, person[i].sex, person[i].job,
39   person[i].category.position);
```

40	}
41	return 0;
42	}

程序 11.9

程序 11.9 的运行结果为：

　　please input num name sex job class or position:

　　8247 WangYu F S 602✓

　　please input num name sex job class or position:

　　1001 LiLe M T professor✓

　　No.　　name　　　　sex　　job　　class/position

　　8247　WangYu　　　F　　S　　　602

　　1001　LiLe　　　　　M　　T　　　professor

表 11.3 中的第 5 列学生数据的 class(班级)和教师数据的 position(职务)类型不同，但可以用共用体来处理，将 class 和 position 放在同一段内存中。

◇【实验习题】

　　一个学生的信息表中包括学号、姓名和一门课的成绩，这里成绩可采用两种表示方法，一种是五分制，采用的是整数形式；另一种是百分制，采用的是浮点数形式。现要求编一程序，输入一个学生的信息并显示出来。注意：输入的学生的成绩可能是五分制，也可能是百分制，根据用户提示，输入类型为 0 代表将要输入五分制，输入类型为 1 代表将要输入百分制成绩。

11.6　枚　举　类　型

◇【本节要求】

掌握枚举类型的应用。

◇【相关知识点】

　　在实际问题中，有些变量的取值被限定在一个有限的范围内。例如，一个星期有 7 天，一年只有 12 个月等。这种在变量定义时能将此变量所有可能的取值一一列出的情况称为枚举，C 语言专门设置了枚举类型。在枚举类型的定义中需要一一列举出所有可能的取值，并且枚举类型的取值不能超过它定义的范围。

　　枚举类型定义的一般形式为：

　　　enum　枚举类型名

　　　{枚举常量取值表}；

　　在枚举常量取值表中应罗列出所有可能的值，这些值也称为枚举元素。例如：

　　　enum weekday

　　　{ sun, mon, tue, wed, thu, fri, sat }；

该枚举名为 weekday，枚举值共有 7 个，即一周中的 7 天。凡被说明为 enum weekday 类型变量的取值只能是这 7 个枚举元素中的某一个。

应该说明的是，枚举类型是一种基本的数据类型，它不是一种构造类型，因为它不能再分解为任何其他基本类型。

枚举变量的定义方式也与结构体变量和共用体变量的定义方式相同，也可以用不同的方式定义。例如：

```
enum weekday { sun, mon, tue, wed, thu, fri, sat } w1, w2;  //定义类型同时定义变量
```

或者

```
enum weekday { sun, mon, tue, wed, thu, fri, sat };   //定义类型
enum weekday w1, w2;   //定义变量
```

或者

```
enum { sun, mon, tue, wed, thu, fri, sat } w1, w2;   //直接定义变量
```

以上都是定义了两个枚举变量 w1、w2，它们只能取 sun 到 sat 之一，如：

```
w1=mon;
w2=sun;
```

枚举类型在使用中有以下规定：

(1) enum 是关键字，标识枚举类型，定义枚举类型必须以 enum 开头。

(2) 枚举值是常量，不是变量，不能在程序中用赋值语句再对它赋值。例如对枚举类型 enum weekday 的元素再进行以下赋值：

```
sun=5;mon=2;sun=mon;
```

都是错误的。

(3) 枚举元素本身由系统定义了一个表示序号的数值，从 0 开始顺序定义为 $0,1,2,\cdots$。如在 enum weekday 中，sun 值为 0，mon 值为 1，…，sat 值为 6，这称之为隐式定义。也可显式定义，指定某一枚举元素的序号，如有未指定值的枚举元素，则根据前面的枚举元素的值依次递增 1。

例如：

```
enum weekday { sun=1,mon=3,tue,wed,thu,fri,sat };
```

则 tue、wed、thu、fri、sat 的值分别为 4、5、6、7、8。

(4) 一个枚举变量的值只能是这几个枚举值之一，可以把枚举值赋给枚举变量，但不能把元素的序号直接赋给枚举变量。例如：

```
a=sun;  //错误
b=3;   //正确
```

如果一定要把数值赋给枚举变量，则必须用强制类型转换，例如：

```
w1=(weekday )2;
```

其意义是将顺序号为 2 的枚举元素赋给枚举变量 w1。

(5) 枚举常量不是字符串，不能用下面的方法输出枚举常量 mon：

```
printf("%s",mon);
```

可以这样输出：

```
w1=mon;
```

```
    if(w1==mon)
        printf("mon");
```

【例题】

阅读程序 11.10，说明枚举类型的使用。

1	`#include <stdio.h>`
2	`int main()`
3	`{`
4	`    int n;`
5	`    enum week {sun,mon,tue,wed,thu,fri,sat} day;`
6	`    clrscr();`
7	`    printf("Input n:");`
8	`    scanf("%d",&n);`
9	`    if((n>=0)&&(n<=6))`
10	`    {`
11	`        day=(enum week)n;`
12	`        switch(day)`
13	`        {`
14	`            case sun: printf("Sunday \n"); break;`
15	`            case mon: printf("Monday \n");break;`
16	`            case tue: printf("Tuesday \n");break;`
17	`            case wed: printf("Wednesday \n");break;`
18	`            case thu: printf("Thursday \n");break;`
19	`            case fri: printf("Friday \n");break;`
20	`            case sat: printf("Saturday \n");break;`
21	`        }`
22	`    }`
23	`    else printf("Error!! \n");`
24	`    return 0;`
25	`}`

程序 11.10

程序 11.10 的运行结果为：

Input n: 6 ✓

Saturday

程序 11.10 根据输入一周中的星期几(整数值)，可以输出与其对应的英文名称。

【实验习题】

输入今天是星期几的序号(0~6 代表星期天至星期六)，给今天和昨天赋予枚举值，并输出昨天是星期几对应的枚举值。

第 12 章　文件的输入输出

12.1　C 语言文件的操作方法

◇【本节要求】

(1) 掌握文件和文件指针的概念以及文件的定义方法。

(2) 学会使用文件打开、关闭、读、写等文件操作函数。

◇【相关知识点】

以前编写的程序，在运行结束后，程序中的变量或数组都已不存在。C 语言可以在程序未结束前，将需要的变量或数组的值以文件的形式记录到磁盘上，就像 Word 程序可以用文件(*.doc)的形式保存文档。这样，程序变量的内容就永久性地记录在磁盘上，而不受程序的结束、关机等事情的影响。

文件就是存储在外部介质上的相关信息的集合。

文件有许多类型，这里要求主要掌握文本文件和二进制文件这两种类型。下面举例说明这两种类型文件的区别。

问题：某同学 GRE 考试成绩是 2000 分，请把此分数以文件的形式保存到磁盘中。

程序大致分成两步：

(1) 用某个变量记录 2000。

(2) 再将变量的内容写入文件。

对于数据 2000，可以以整型变量来保存，例如 int a=2000。这时变量 a 在内存中占用 4B 的存储空间，若将变量 a 写入文件，则占用 4B 的磁盘空间；也可以定义字符数组来存储，例如

　　　　char b[5]= "2000"

将字符串 2000 以字符数组的方式写入文件，形成文本文件，文件的内容可以通过"记事本"软件来显示。

将数据 2000 以整型的方式写入文件，则形成二进制文件。二进制文件是字节流文件，该文件便于计算机程序的访问与计算；虽然仍然可以通过"记事本"软件显示此文件的内容，但看到的是乱码，不是字符串"2000"。

【例题】

(1) 将从键盘输入的字符保存到 d:\test.txt 文件中。若回车，则程序结束，参看程序 12.1。

1	#include <stdio.h>
2	#include <cstlib.h>

3	int main()
4	{
5	FILE *p;
6	char ch;
7	if((p=fopen("d:\\test.txt","w"))==NULL)　//以写的方式打开文件 test.txt
8	{
9	printf("Can not open this file.\n");
10	exit(0);　　　　　　　　　//文件不能正确打开则程序终止执行
11	}
12	while((ch=getchar())!='\n')
13	fputc(ch,p);
14	fclose(p);
15	return 0;
16	}

程序 12.1

由程序 12.1 可见，使用文件主要有 4 个步骤：

① 定义文件指针变量，见第 5 行。FILE 是一个由系统定义的结构体类型，文件指针变量必须用 FILE 定义，因此程序第 5 行表示定义了一个指向 FILE 类型内存数据区的指针变量 p，该内存区域用来存放文件的相关数据信息。

② 打开文件，见第 7 行。打开文件是通过函数 fopen 实现的。fopen 的调用方式如下：

fopen(文件名，使用文件方式)；

fopen 有两个参数，第 1 个参数描述打开文件的路径和文件名，例如 "d:\\test.txt"；第 2 个参数描述打开文件的方式，例如 "w"，是以写的方式打开此文件，这意味着文件打开以后，是把内存中的变量的值写到文件里，而不是把文件中的数据存放到变量中。程序第 10 行调用了库函数 exit，当文件不能正确打开时，则终止整个程序。exit 函数的参数为 0，表示正常终止。使用 exit 函数需要包含头文件 cstdlib.h。当文件正确打开后，指针变量 p 就指向了文件 test.txt。若文件 test.txt 不存在，则 fopen 函数会在第 1 个参数指定的路径处建立一个新的 test.txt 文件。

③ 变量和文件之间的数据交互(也是内存和外存之间的数据交互)，见第 13 行。这里的数据交互是通过 fputc 函数实现的，fputc 函数的调用形式为：

fputc(字符变量，文件指针)；

它的功能是把第 1 个参数的字符输出到文件指针指向的文件中，若输出成功，该函数返回输出的字符，否则返回文件结束标志 EOF(-1)。

程序 12.1 是把字符变量 ch 的内容写到 p 指向的文件 test.txt 中，数据的流向可表示为键盘→内存→外存。

④ 关闭文件，见第 14 行。信息交互结束后，要关闭文件。关闭文件通过 fclose 函数实现，其参数是文件指针。调用形式如下：

fclose(文件指针)；

其功能为使文件指针与其之前指向的文件"脱钩",两者之间不再有联系。

(2) 将题(1)所产生的文件 d:\test.txt 的内容显示到屏幕上,参看程序 12.2。

1	#include <stdio.h>
2	#include <cstdlib.h>
3	int main()
4	{
5	FILE *p;
6	char ch;
7	if((p=fopen("d:\\test.txt","r"))==NULL)　　//以读的方式打开文件 test.txt
8	{
9	printf("Can not open this file.\n");
10	exit(0);　　//文件不能正确打开则程序终止执行
11	}
12	while((ch=fgetc(p))!=EOF)　　//EOF 为文件结束标志(-1)
13	printf("%c",ch);
14	fclose(p);
15	return 0;
16	}

程序 12.2

程序 12.2 的结构与程序 12.1 的十分类似,但功能不同。程序 12.2 是以读的方式打开文件(第 2 个参数为"r"),用 fgetc 函数从文件中不断地得到 1B 的内容,同时不断地把此字节的内容赋给变量 ch,并不断地打印到屏幕上,数据的流向可表示为外存→内存→用户屏幕。fgetc 函数的调用形式如下:

　　　　fgetc(文件指针);

其功能为从文件指针指向的文件中读入一个字符,读入成功则把该字符的值作为函数的返回值,否则函数返回文件结束标志 EOF(-1)。

(3) 从键盘输入若干个字符串,把它们输出到 d:\test1.txt 文件中,当连续回车两次时,结束程序。参看程序 12.3。

1	#include <stdio.h>
2	#include <cstdlib.h>
3	int main()
4	{
5	FILE *p;
6	char string[81];
7	if((p=fopen("d:\\test1.txt","w"))==NULL)
8	{
9	printf("Can not open this file.\n");
10	exit(0);

11	}
12	while(strlen((gets(string)))>0)
13	{
14	fputs(string,p);
15	fputs("\n",p);
16	}
17	fclose(p);
18	return 0;
19	}

程序 12.3

程序分析：程序 12.3 涉及把字符串写到文件中。之前提到的 fputc 函数是向文件中一次只写入 1B 的内容，fgetc 函数是向文件中一次只读入 1B 的内容。当处理字符串时，用 fputs 函数或 fgets 函数效率会更高。

fputs 函数的调用形式如下：

  fputs(字符数组名，文件指针);

其功能为把第 1 个参数中的字符串存入到文件指针指向的文件中，输出成功返回 0 值，否则返回非 0 值。

fgets 函数的调用形式如下：

  fgets(字符数组名，n，文件指针);

其功能为从文件指针指向的文件中读入一个长度为 n-1 的字符串，存放到第 1 个参数的字符数组中，读取成功返回数组地址，否则返回 NULL。

程序 12.3 使用 fputs 函数向 d:\test1.txt 文件写入字符串。当然，可以再编写一个程序，用 fgets 函数读取 d:\test1.txt 文件中的内容。

(4) 某同学 GRE 考试的成绩是 2000 分，把此分数存放到磁盘的某个文件中。参看程序 12.4。

1	#include <stdio.h>
2	#include <cstdlib.h>
3	int main()
4	{
5	FILE *p;
6	int score=2000;
7	if((p=fopen("d:\\test.dat","w"))==NULL)
8	{
9	printf("Can not open this file.\n");
10	exit(0);
11	}
12	fwrite(&score,sizeof(score),1,p);
13	fclose(p);

| 14 | return 0; |
| 15 | } |

程序 12.4

程序分析：程序 12.4 中要写入文件中的数据为整型，而不是字符型，因此需要以二进制的方式来进行操作，在这里要用到 fwrite 函数。

fwrite 函数的调用形式如下：

　　fwrite (数据存储区首地址, 数据项类型的尺寸(字节数), n(数据项个数), 文件指针);

其功能为将数据存储区首地址开始的 n 个数据项写到文件指针所指向的文件中，总共所写的字节数为：数据项类型的大小*n。

程序 12.4 将分数 2000 写到 d:\test.dat 文件中。注意 fwrite 函数的 4 个参数的含义，第 1 个参数指明将被处理的数据的起始地址；第 2 个参数指明将被处理的数据所占用空间的大小；第 3 个参数指明将被处理的数据的数目；第 4 个参数指明往哪个文件中写。

可以利用 fread 函数，编写程序访问程序 12.4 的文件 d:\test.dat，并将文件的内容显示到屏幕上，验证程序 12.4 执行结果的正确性。参看程序 12.5。

1	#include <stdio.h>
2	#include <cstdlib.h>
3	int main()
4	{
5	FILE *p;
6	int score;
7	if((p=fopen("d:\\test.dat","r"))==NULL)
8	{
9	printf("Can not open this file.\n");
10	exit(0);
11	}
12	fread(&score,sizeof(score),1,p);
13	printf("%d",score);
14	fclose(p);
15	return 0;
16	}

程序 12.5

从程序 12.5 可见，fread 函数与 fwrite 函数的参数完全一样。在程序 12.5 的第 12 行中，用 fread 函数从文件 p 中得到 4B 的内容，并把该内容赋给变量 score，然后输出 score 的内容到屏幕上。

fread 函数的调用形式如下：

　　fread (数据存储区首地址, 数据项类型的尺寸(字节数), n(数据项个数), 文件指针);

其功能为将文件指针所指向的文件中的 n 个数据项读到数据存储区首地址开始的一块区域，总共所读的字节数为：数据项类型的大小 *n。

对于除字符型和字符数组型数据外的其他类型数据，包括整型、浮点型、数组(除字符数组外)、结构体类型等，其读写操作用 fread 函数和 fwrite 函数比较方便。

(5) 有 6 位同学的化学成绩分别为 90, 61, 92, 79, 80, 61，把这些分数存放到 d:\test1.dat 文件中。参看程序 12.6。

```
1    #include <stdio.h>
2    #include <cstdlib.h>
3    int main()
4    {
5        FILE *p;
6        int score[6]={90,61,92,79,80,61};
7        if((p=fopen("d:\\test1.dat","w"))==NULL)
8        {
9            printf("Can not open this file.\n");
10           exit(0);
11       }
12       fwrite(score,sizeof(score[0]),6,p);
13       fclose(p);
14       return 0;
15   }
```

程序 12.6

注意程序 12.6 的第 12 行对 fwrite 函数的使用。

可以利用 fread 函数，编写程序访问程序 12.6 的文件 d:\test1.dat，并将文件的内容显示到屏幕上，验证程序 12.6 执行结果的正确性。参看程序 12.7。

```
1    #include <stdio.h>
2    #include <cstdlib.h>
3    int main()
4    {
5        FILE *p;
6        int score[6],i;
7        if((p=fopen("d:\\test1.dat","r"))==NULL)
8        {
9            printf("Can not open this file.\n");
10           exit(0);
11       }
12       fread(score,sizeof(score[0]),6,p);
13       fclose(p);
14       for(i=0;i<6;i++)
```

15	printf("%d\n",score[i]);
16	return 0;
17	}

程序 12.7

fwrite 函数和 fread 函数的功能较强，可读、写任何数据类型，如结构体类型数据。实际上，fwrite 函数和 fread 函数可以代替 fputc、fgetc、fputs、fgets 等函数，只是这两个函数的参数较多。

类似地，可用 fwrite 函数和 fread 函数读写结构体类型数据。

◇【实验习题】

(1) 编写程序，其功能为能把从键盘输入的字符串，写入到文件 d:\temp\test.txt 中。程序运行结束后，可用 Windows 的"记事本"软件检验文件 test.txt 的内容。

(2) 编写程序，其功能为打开(1)中的 test.txt 文件，并把该文件中的文本信息显示到屏幕上。

(3) 编写程序，其功能为打开(1)中的 test.txt 文件，在该文件尾部追加新的文本信息。

(4) 现有数据如表 12.1 所示。

表 12.1 学 生 数 据

姓　名	学　号	成　绩
小明	1301	90
小陈	1302	75
小东	1303	84

编写程序，将 3 位学生的数据写入文件 test1.dat 中。

(5) 编写程序，其功能为打开(4)中的 test1.dat 文件，并把该文件中的数据信息显示到屏幕上。

(6) 从键盘输入 5 个学生的学号、姓名以及数学、语文和英语成绩，写到文本文件 f2.txt 中，再从文件中取出数据，计算每个学生的总成绩和平均分，并将结果显示在屏幕上。

12.2　格式化文件输入输出

◇【本节要求】

掌握格式化文件输入输出的方法。

◇【相关知识点】

格式化的输出函数 fprintf 是把其他类型变量的内容，转换成字符写到文件中；而格式化的输入函数 fscanf，则是利用格式控制符，把文件中原本是字符的信息转换成其他类型的数据存放到变量中。

这两个函数的调用格式为：

　　　　fscanf(文件指针，格式字符串，输入表列);

其功能为将文件指针所指向的文件中的数据按照第 2 个参数所指定的格式读到输入表列中的变量中。

　　　　fprintf(文件指针，格式字符串，输出表列)；

其功能为将输出表列中的变量按照第 2 个参数所指定的格式写到文件指针所指向的文件中。

【例题】

阅读程序 12.8，学习 fprintf 函数和 fscanf 函数。

```
1    #include <stdio.h>
2    #include <string.h>
3    struct student
4    {
5        char   chName[20];      //姓名
6        int    nID;             //学号
7        float  fScores[3];      //3 门课的成绩
8    };
9    int main()
10   {
11       FILE *pWrite,*pRead;
12       struct student tStu1,tStu2;
13       char *pName = "letuknowit";
14       pWrite=fopen("stu_scores.txt","w");
15       if(NULL == pWrite)
16       {
17           return 0;
18       }
19       //初始化结构体信息，用于写入文件
20       strcpy(tStu1.chName,pName);
21       tStu1.nID = 1;
22       tStu1.fScores[0] = 89.0;
23       tStu1.fScores[1] = 81.2;
24       tStu1.fScores[2] = 88.0;
25       //写入数据到文件中
26       fprintf(pWrite,"%d %s %f %f %f\n",tStu1.nID,tStu1.chName,tStu1.fScores[0],
27   tStu1.fScores[1],tStu1.fScores[2]);
28       fclose(pWrite);
29       pRead=fopen("stu_scores.txt","r");
30       if(NULL == pRead)
31       {
```

32	return 0;
33	}
34	//从文件中读取数据
35	fscanf(pRead,"%d %s %f %f %f\n",&tStu2.nID,tStu2.chName,&tStu2.fScores[0],
36	&tStu2.fScores[1],&tStu2.fScores[2]);
37	fclose(pRead);
38	//打印读取的数据到屏幕上
39	printf("%d %s %.1f %.1f %.1f\n",tStu2.nID,tStu2.chName,tStu2.fScores[0],tStu2.
40	fScores[1],tStu2.fScores[2]);
41	}

程序 12.8

◇【实验习题】

将 123456 和 789 写到 test.txt 文件中,然后将字符串 China 和 ChongQing 追加写到 test.txt 文件中。

综合篇

第 13 章　C 语言程序设计综合实训

13.1　综合实训概述

本章内容主要面向编程基础扎实、对程序设计比较感兴趣的学生。C 语言的本质是人们利用计算机解决实际问题的一种交互工具,然而针对 C 语言的教学手段枯燥乏味,学生缺乏学习兴趣,也不能很好地利用 C 语言解决实际工程问题。因此,本章设计了综合实训案例题目,涵盖了实训项目入门、数值计算与趣味数学类、游戏类、图形类、管理系统类内容,目的是培养学生分析问题、解决实际问题的工程实践编程能力,从而初步掌握软件开发的方法和步骤。

13.2　实训项目入门——编制万年历

1. 问题描述

(1) 输入某一年的年号。

(2) 输出该年每个月的日历。

2. 设计要求

输入某年号后,按 12 个月分别输出该年的日历,从每月 1 日开始输出到该月的最后一天。要求每行从左到右依次输出星期一到星期天对应的日期,如图 13.1 所示。

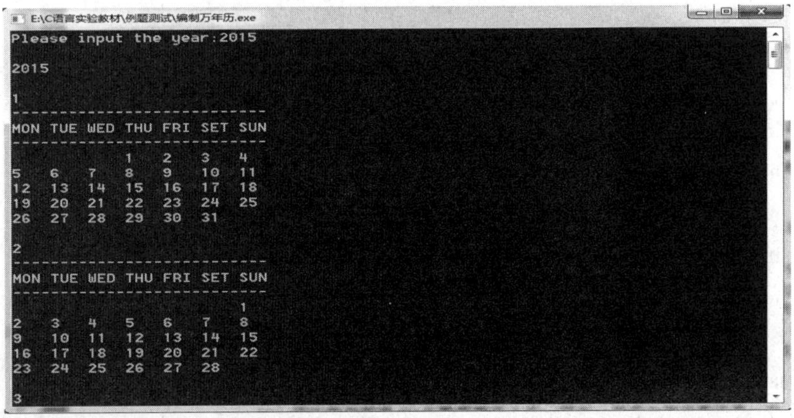

图 13.1　万年历

3. 知识要点

打印日历的算法要解决两个问题:首先判断本年是否为闰年(闰年的二月份有 29 天,

非闰年的二月份则只有 28 天)；其次计算出本年的元旦是星期几。确定某年是否为闰年的算法为：如果某年的年份能被 4 整除但不能被 100 整除，又或者该年份能被 400 整除，则是闰年。其逻辑表达式为：

    year%4==0&&year%100!=0||year%400==0

year 为整数的年份，如果上述表达式值为真(值为 1)，则 year 为闰年；否则 year 为非闰年。

计算某年的元旦是星期几的思路为：非闰年一年有 365 天，一年有 52 个星期。52 个星期共有 52×7=364 天，如果某年的元旦是星期一，则第二年的元旦整整过了 52 个星期再加一天，为星期二。如果该年是闰年，则在二月份多了一天，下一年的元旦也会顺延到星期三。因此，如果知道了某个基准年份的元旦是星期几，就可以推算出其后任何一年的元旦是星期几。例如，若知道 1900 年的元旦是星期一，则其后某个年份 year 的元旦是星期几可以按如下方法计算：

计算出 year 和 1900 年之间所差的年数：n=year-1900。

(1) 因为每年都是 52 个整星期多 1 天，因此 n 年多出的天数还是 n 天。

(2) 在 n 天的基础上再加上 1900 年到 year 年之间因闰年多出来的天数：n=n+闰年数。

(3) 再加上 1900 年元旦的星期序号：n=n+1。

(4) 将多出来的天数 n 用 7 除，求其余数，即星期几：n=n%7。

在上面的算法中，"闰年数"可以简单地用(n-1)/4 计算，该简化公式可以用到 2099 年。

请完成编制万年历程序 13.1 的填空(下划线的地方请把相应代码补充完整)。

1	#include <stdio.h>
2	int isleap(int year)　　　　//判断某年是否为闰年
3	{
4	if(_____) //判断 year 是否为闰年
5	return 1;　　　　//是闰年则返回 1
6	else return 0;　　　　//不是闰年则返回 0
7	}
8	int find_weekday(int year)　　//求元旦是星期几
9	{
10	int n=year-1900;
11	n=n+(n-1)/4+1;
12	n=_____;　　　　//将多出来的天数 n 对 7 求余数，即星期几
13	if(n==0)n=7;　　　　//余数为 0 其实是星期天
14	return n;
15	}
16	int main()
17	{　int year ,month,day,weekday,month_len,i;
18	printf("Please input the year:");
19	scanf("%d",&year);

```
20      printf("\n%d\n",year);        //打印年份
21      weekday=find_weekday(_____);        //求元旦是星期几
22      for(month=1;month<=12;month++)   //打印 12 个月的月份
23      {
24          printf("\n%d\n",month);
25          printf("------------------------\n");
26          printf("MON TUE WED THU FRI SET SUN\n");
27          printf("------------------------\n");
28          for(i=1;i<weekday;i++)          //找当月 1 日的打印位置
29           printf("    ");              //输出 4 个空格
30           if(month==4||month==6||month==9||month==11)
31               month_len=30;
32           else if(month==2)
33           {
34               if(isleap(_____))
35                   month_len=29;
36               else
37                   month_len=28;
38           }
39           else
40               month_len=_____;
41           for(day=1;day<=_____;day++)
42           {
43               if(day<10)
44                   printf("%d   ",day);   //小于 10 的数输出后再输出 3 个空格
45               else
46                   printf("%d  ",day);    //10 及以上的数输出后再输出 2 个空格
47               weekday++;
48               if(weekday==8)  //输出完一星期换行
49               {
50                   weekday=_____;
51                   printf("\n");
52               }
53           }
54      printf("\n");      //输出完一月换行
55      }
56      return 0;
57  }
```

程序 13.1

13.3 数值计算与趣味数学类——验证哥德巴赫猜想

1. 问题描述

"哥德巴赫猜想"是数学中的一个著名难题，可以表述为任何一个大于等于 4 的偶数均可以表示为两个质数之和。

2. 设计要求

将程序 13.2 补充完整，验证大于等于 4，小于某一上限 L 的所有偶数是否都能被分解为两个质数之和。若发现某个偶数不能被分解为两个质数之和，则证实了哥德巴赫猜想是错误的；否则，证实哥德巴赫猜想在 4~L 的范围内成立。

3. 知识要点

要验证哥德巴赫猜想，按题意需要逐个生成 4~L 之间的所有偶数并分别验证其是否能被分解为两个质数之和。

方法：定义一个初值等于 4 的变量 x，通过循环依次使 x 不断地自加 2 来产生各偶数，并且验证 x 是否可以被分解为两个质数之和，直到 x 等于或大于 L 为止。

验证 x 是否能被分解为两个质数之和的步骤为：

用 x 减去最小的质数 2，然后看结果是否仍为质数，如果是则验证成功，可以打印出该偶数的分解表达式；否则换一个更大的质数，再看 x 减去这个质数的结果是否为质数，如果是则验证成功；如果不是，则继续循环，直到用于检测的质数已经大于 x/2 而 x 与其差仍然不是质数为止。此时，可以宣布一个伟大的发现"哥德巴赫猜想不成立！"。

程序流程如果 13.2 所示。

验证哥德巴赫猜想首先要解决如何生成和测试质数的问题。质数是除了 1 和自身之外没有其他因子的正整数，可以编写一个函数用来创建质数表。因为准备验证的最大偶数小于 L，所以用到的最大质数也不会超过 L。因此，列出 0~L 之间的所有自然数：

    0，1，2，3，4，5，6，7，8，…，L-1

然后将所有 2 的倍数、3 的倍数、5 的倍数、…、直到 L/2 的倍数均从表中删除(把值变为 0)即可。

用数组 PrimeList 存放生成的质数。此质数表的特点是如果 PrimeList[i]不为 0，则 i 为质数，否则 i 为非质数。将创建质数表的工作编成的函数原型声明如下：

    void BuildPrimeList(int PrimeList[]);

生成质数表的算法描述如下：

(1) 将数组 PrimeList 的各元素初值设为 0~L-1 之间的自然数。可以用一个 for 循环语句实现：

    for(i=0;i<L;i++)
        PrimeList[i]=i;

(2) 从表中去掉已经确定的质数的倍数(把值变为 0)。

使用循环控制变量 i 指示出最后确定的质数的位置，在表中将数组元素 PrimeList[i]的倍数转换为 0。

```
i=2;
while(i<L/2)
{
    for(j=i+1;j<L;j++)
        if(PrimeList[j]不为 0 且是 PrimeList[i]的倍数)
            PrimeList[j]=0;
        i=下一个确定的质数的位置;
}
```

如何计算下一个确定的质数的位置？由于在转换过程中表中会产生一些值为 0 的元素，因此在找下一个确定的质数的位置时要跳过这些值为 0 的元素：

```
i=i+1;
while(PrimeList[i]==0)
    i=i+1;
```

图 13.2 中的程序模块"找到下一个质数 p"的函数原型为：

```
int NextPrimeNum(int p,int PrimeList[]);
```

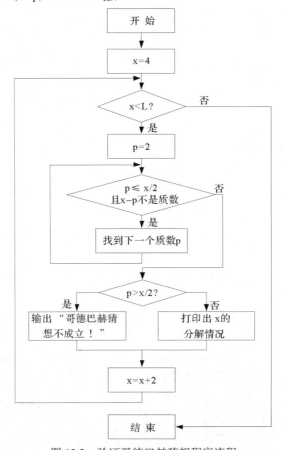

图 13.2　验证哥德巴赫猜想程序流程

其参数为当前质数 p 和质数表 PrimeList 的起始地址，返回值为质数表 PrimeList 中的下一个质数。求下一个质数的方法为：从 PrimeList[p]后的第一个元素开始向后找到第一个非 0 元素，即为所要求的质数。

程序 13.2 完成了主函数的编写，请读者自行完成"创建质数表"以及"找到下一个质数"两个函数的编写。

```
1    #include <stdio.h>
2    #define L30001      //定义验证范围
3    void BuildPrimeList(int PrimeList[])   //生成质数表
4    {
5        //请读者自行完成本函数的代码编写
6    }
7    int NextPrimeNum(int p,int PrimeList[])   //找到下一个质数
8    {
9        //请读者自行完成本函数的代码编写
10   }
11   int main()
12   {
13       int PrimeList[L];
14       int x,p;
15       BuildPrimeList(PrimeList);   //建立质数表
16       x=4;
17       while(x<L)    //对从 4～L 的所有偶数验证哥德巴赫猜想
18       {
19           p=PrimeList[2];
20           while(p<=x/2&&PrimeList[x-p]==0)   //检查偶数减去一个质数后的剩余部分
21   //是否仍为质数
22           p=NextPrimeNum(p,PrimeList);
23           if(p>x/2)    //找到一个不能分解为两个质数和的偶数
24           {
25               printf("Goldbach is wrong!\n");
26               break;
27           }
28           else
29               printf("The even number %d=%d+%d\n",x,p,x-p);   //分解成功，输出结果
30           x=x+2;     //检查下一个偶数
31       }
32       return 0;
33   }
```

程序 13.2

13.4　游戏类——棋类游戏

1. 问题描述

下五子棋的游戏规则为：交战双方各执一色棋子，轮流落子(将子放在棋盘的任一未落子的点上)，直到有一方的棋子有 5 个排成一线(无论是横线、竖线还是正反斜线均可)，则该方胜利，棋局也随之结束。

2. 设计要求

棋盘用"*"来表示，程序一开始运行就先显示棋盘状态，下棋人先落子，用"H"示意(可用横坐标和纵坐标来定位落子位置)，接着计算机落子用"C"示意。双方每下完一个回合均要显示棋盘当前状态，若一方的落子有 5 个先连成一线(无论是横线、竖线还是正反斜线均可)，则提示这一方赢。如图 13.3 和图 13.4 所示，图 13.4 显示最终为下棋人赢。

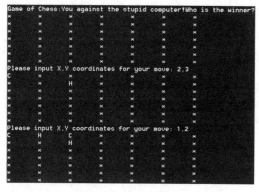

图 13.3　五子棋游戏

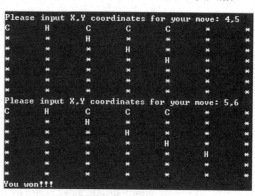

图 13.4　下棋人赢

3. 知识要点

虽然可以用二维数组元素的值来表示落子情况，但是二维数组不利于编写通用的计算函数，因此这里用一维数组来模拟二维数组。本题的难点在于如何正确判断棋局的胜负，即如何判断有一方的棋子有五个排成一线(无论是横线、竖线还是正反斜线均可)的问题。采用的算法为每下一子则扫描整个数组，判断是否有满足条件的关系存在，有则返回结果。具体算法如下：

(1) 矩阵数组在函数 InitChess 中被初始化为字符 '*'，通过 ShowChess 函数显示在屏幕上。下棋者或者计算机落下一个子都会把一个字符 '*' 变成 'H' 或 'C'。

(2) 下棋人调用函数 YouMove 来输入要放入棋子的位置。棋盘矩阵左上角位置定位为(1，1)，右下角位置为(M，M)。

(3) 计算机的下棋算法可以简单设计，当轮到计算机下子时，使用 ComputerMove 函数扫描，顺序查找未占据的单元。一旦找到，它就在那里放置一个落子标志 C。如果找不到空位置，则意味着所有棋盘位置都被占满，而且没有输赢方，于是它将报告双方下成平局并退出程序。

(4) 每走完一步，程序都会调用 WinCheck 函数扫描棋盘的行、列、对角，来检查谁是可能的赢家。如果还没有分出输赢，则此函数返回一个字符'*'；如果下棋的人赢，返回一个'H'；如果计算机赢，则返回一个'C'。

请完成棋类游戏程序13.3的填空(下划线的地方请把相应代码补充完整)。

```
1    #include <stdio.h>
2    #include <stdlib.h>
3    #define M 7
4    #define N  5                              //五子棋
5    void InitChess(char chess[]) //初始化棋盘,用一维字符数组来存储二维棋盘的状态
6    {    int i,j;
7         for(i=0;i<M;i++)
8             for(j=0;j<M;j++)
9                 chess[i+j*M]='*';              //未落子的位置标记为'*'
10   }
11   void YouMove(char chess[]) //下棋人的落子
12   {    int x,y;
13        printf("Please input X,Y coordinates for your move: ");
14        scanf("%d,%d",&x,&y);
15        x--;   //棋盘矩阵左上角和右下角位置定位为(1,1)和(M,M),但是数组元素下标从0开始
16        _____; //棋盘矩阵左上角和右下角位置定位为(1,1)和(M,M),但是数组元素下标从0开始
17        if(chess[x+y*M]!='*')
18        {
19             printf("Invaild move,please try again.");
20             _____;     //此处可采用递归调用
21        }
22        else
23             chess[x+y*M]='H';
24   }
25   void ComputerMove(char chess[])    //计算机落子
26   {
27        int i,j;
28        for(i=0;i<M;i++)
29        {
30             for(j=0;j<M;j++)
31             if(chess[i+j*M]=='*') break;   //搜索到未落子的位置则跳出循环
32             if(chess[i+j*M]=='*'&&i+j*M<M*M) break;  //搜索到未落子的位置则跳出循环
33        }
34        if(i*j==M*M)
35        {
```

```
36          printf("Diamond cut diamond!\n");   //棋盘所有位置均已落子，输出"棋逢对手！"
37          exit(0);           //终止程序
38      }
39      else
40          chess[i+j*M]='C';
41  }
42  void ShowChess(char chess[])   //输出当前棋盘状态
43  {   int i,j;
44      for(i=0;i<M;i++)
45      {
46          for(j=0;j<M;j++)
47          printf("%c\t",chess[i+j*M]);
48          printf("\n");
49      }
50  }
51  char WinCheck(char chess[])
52  {
53      int i,j,count;
54      char t;
55      int a,b;
56      for(i=0;i<M;i++)
57      {
58          for(j=0;j<M;j++)
59      {
60              t=chess[i+j*M];
62              count=1;
63              for(a=i+1,b=j+1;chess[a+b*M]==t&&a<M&&b<M&&
64              chess[a+b*M]!='*';a++,b++) //检查斜线方向
65                  count++;
66              if(count>=N)
67                  return t;
68              _____;
69              for(a=i,b=j+1;chess[a+b*M]==t&&b<M&&
70              chess[a+b*M]!='*';b++) //检查横线方向
71                  count++;
72              if(count>=N)
73                  return t;
74              count=1;
```

```
75          for(a=i+1,b=j;chess[a+b*M]==t&&a<M&&
76          chess[a+b*M]!='*';a++) //检查竖线方向
77              _____;
78          if(count>=N)
79              return t;
80          count=1;
81          for(a=i+1,b=j-1;chess[a+b*M]==t&&a<M&&b>=0&&
82          chess[a+b*M]!='*';a++,b--) //检查反斜线方向
83              count++;
84          if(count>=N)
85              return t;
86      }
87  }
88  return '*';
89  }
90  int main()
91  {
92      char chess[M*M];
93      char winner='*';
94      printf("Game of Chess:You against the stupid computer!Who is the winner?\n");
95      InitChess(chess);   //初始化棋盘状态
96      do{
97          ShowChess(chess);
98          YouMove(chess);
99          winner=WinCheck(chess); //检查是否有赢家
100         if(winner!='*') break;      //如有赢家，则跳出循环
101         ComputerMove(chess);
102         _____; //检查是否有赢家
103     }while(_____);
104     ShowChess(chess);
105     if(_____)
106         printf("You won!!!\n");
107     else
108         printf("Computer won!!!\n");
109     return 0;
110 }
```

程序 13.3

13.5　图　形　类

13.5.1　C 语言绘图概述

C 语言不仅可以处理字符和数值，还可以调用相关库函数绘制图形。通过绘制简单的直线、圆和圆弧等图形，组合出复杂的图形。本节简要介绍 C 语言的绘图功能和常用图形函数。

C 语言图形函数的头文件是 graphics.h。如果程序中要调用图形函数，需在程序开头使用 include 命令指出图形函数的头文件。Code∶∶Blocks 中调用图形库较难实现，一般不推荐使用。可在 Visoal Studio 环境中使用 graphics.h 插件 EasyX。

编写绘制图形的 C 程序，通常按照如下 3 个基本步骤进行：

(1) 设置屏幕为图形模式，调用 initgraph 函数。

(2) 用作图函数绘制图形，调用 C 语言的绘图函数。

(3) 关闭图形模式，调用 closegraph 函数。

一般绘图程序框架如下：

```
int drive,mode;
drive=DETECT;
initgraph(&drive,&mode,"c:\\t c");                //此三句设置图形模式
```

绘制图形语句：

```
closegraph( );                                    //关闭图形模式
```

表 13.1 给出了常用绘图函数原型及功能。

表 13.1　常用绘图函数

函　数　原　型	函　数　说　明
void far initgraph (int far *graphdriver, int far *graphmode, char far *pathtodriver)	功能：初始化图形系统 参数说明：graphdriver 是指向图形驱动序号变量的指针；graphmode 是在 graphdriver 选定后，指向图形显示模式序号变量的指针；pathtodriver 表示存放图形驱动文件的路径。 返回值：无
void closegraph(void)	功能：关闭图形模式。 参数说明：无参数。 返回值：无
void far setlinestyle(int linestyle, unsigned pattern，int width)	功能：设置当前画线宽度和类型。 参数说明：linestyle 为整数型，用来定义所画直线类型；pattern 为无符号整数型，该参数在需要用户自定义线型时使用，如果是使用系统预定义的线型则参数取 0 值；width 为整数型，用来指定所画直线的粗细。 返回值：无

续表一

函 数 原 型	函 数 说 明
void setcolor(int color)	功能：设置前景色。 参数说明：color 为颜色值。 返回值：无
void setbkcolor(int color)	功能：设置背景色。 参数说明：color 为颜色值。 返回值：无
void cleardevice(void)	功能：以背景色清屏。 参数说明：无参数。 返回值：无
void moveto(int x,int y)	功能：设置当前输出位置。 参数说明：x 为新位置的横坐标；y 为新位置的纵坐标。 返回值：无
void outtext(char *s)	功能：将文本在当前屏幕的当前位置输出。 参数说明：char *s 为该字符串指针所指的文本。 返回值：无
int getmaxx(void)	功能：测试 x 轴坐标的最大值。 参数说明：无参数。 返回值：无
int getmaxy(void)	功能更：测试 y 轴坐标的最大值。 参数说明：无参数。 返回值：无
int getcolor(void)	功能：测试前景色。 参数说明：无参数。 返回值：无
int getbkcolor(void)	功能：测试背景色。 参数说明：无参数。 返回值：无
void line(int x0, int y0, int x1, int y1)	画直线，x0,y0 为直线初始坐标，x1,y1 为直线末坐标
void rectangle(int x1, int y1, int x2, inty2)	功能：画矩形。 参数说明：x1,y1 为矩形左上角坐标，x2,y2 为矩形右下角坐标。 返回值：无
void circle(int x, int y, int radius)	功能：画圆。 参数说明：x,y 为圆心的坐标，radius 为圆半径。 返回值：无

函 数 原 型	函 数 说 明
void arc(int x，int y，int start，int end，int radius)	功能：画圆弧。 参数说明：x,y 为圆心坐标，radius 为半径，start、end 为弧线的起始角度和终止角度。 返回值：无
void ellipse(int x，int y，int start，int end，int xradius，int yradius)	功能：画椭圆。 参数说明：参数 x,y 为椭圆中心坐标，start 和 end 为给定的起始角和终止角，xradius 与 yradius 为椭圆的 x 轴半径与 y 轴半径。如果 start 为 0，end 为 360°，那么画出的是个完整的椭圆。 返回值：无
void far setfillstyle(int pattern，int color)	功能：设置填充模式。 参数说明：pattern 的值为填充图样，它们在头文件 graphics.h 中定义；color 的值是颜色值。 返回值：无
void far bar3d(int left，int top，int right，int bottom，int depth，int topflag)	功能：画填充的三维条形图。 参数说明：left、top 为三维空间矩形长条图正面的左上角坐标；right、bottom 为三维空间矩形长条图正面的右下角坐标；depth 值为三维空间矩形长条图的深度(即阴影)；topflag 设置是否绘制三维空间矩形长条图的顶部。 返回值：无
void far pieslice(int x，int y，int start，int end，int radius)	功能：绘制并填充一个扇形。 参数说明：x、y 为扇形所在圆的圆心坐标，start、end 为扇形的开始和结束角度，radius 为圆的半径。 返回值：无
void far fillellipse(int x，int y，int xradius，int yradius)	功能：填充边框所定义的椭圆的内部，该边框由一对坐标、一个宽度和一个高度指定。 参数说明：x,y 为圆心坐标；xradius 和 yradius 为椭圆 x,y 方向的半径。 返回值：无
void far floodfill(int x,int y,COLORREF color)	功能：用指定颜色填充一个密闭区域，相当于画图中的油漆桶。 参数说明：x、y 为该指定位置的坐标，color 为该 RGB 颜色。 返回值：无

13.5.2　绘图示例

1. 问题描述

画出如图 13.5 所示房屋，具体尺寸不作要求。

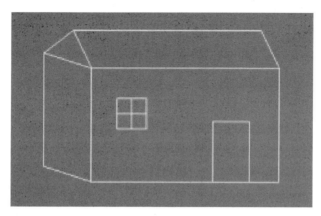

图 13.5 绘图房子

2. 设计要求

(1) 使用矩形函数画出房屋正面、窗户框架、门。

(2) 使用直线函数画出其他直线。

(3) 根据屏幕大小，选取坐标与直线长度。

3. 知识要点

(1) 图形模式的使用。

(2) 画直线函数 void line(int x1,int y1,int x2,int y2)。

① 函数功能：画一条经过两个点的直线。

② 参数说明："x1，y1"为直线起点坐标，"x2，y2"为直线终点坐标。

(3) 画矩形函数 voidrectangle(int x1，int y1，int x2，inty2)。

① 函数功能：指定两顶点画一个矩形。

② 参数说明："x1，y1"为矩形左上角顶点的坐标；"x2，y2"为矩形右下角顶点的坐标。

4. 参考函数原型或参考程序

参考程序如程序 13.4 所示。

1	#include <graphics.h>
2	int main( )
3	{
4	int drive,mode;
5	drive=DETECT;
6	initgraph(&drive,&mode,"c:\\t c"); // 设置图形模式
7	rectangle(225,250,480,400); // 画正面
8	rectangle(390,320,440,400); // 画门
9	rectangle(260,290,300,330); // 画窗户
10	line(260,310,300,310);
11	line(280,290,280,330);

12	line(200,200,455,200);	// 画屋顶
13	line(455,200,480,250);	
14	line(200,200,225,250);	
15	line(160,230,200,200);	
16	line(160,230,225,250);	// 画左面
17	line(160,230,160,380);	
18	line(160,380,225,400);	
19	getch( );	
20	closegraph( );	// 关闭图形模式
21	return0;	
22	}	

程序 13.4

13.5.3　绘图类题目练习

1. 绘制图案并填充

1) 问题描述

绘制如图 13.6 所示图案并填充色彩。

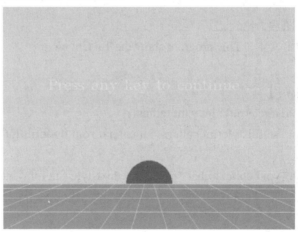

图 13.6　绘制图案并填充

2) 设计要求

(1) 使用圆形函数绘制太阳并填充。

(2) 使用直线函数画出其他直线。

(3) 设置背景色与前景色。

(4) 输出字符并设置字体颜色为黄色，字形为 times new roman，大小适中。

3) 知识要点

(1) 图形模式的使用。

(2) 画圆函数 void circle(int x,int y,int radius)。

(3) 填充函数 void setfillstyle(int pattern,int color)，void floodfill(int x，int y，COLORREF color)，void bar(int left，int top，int right，int bottom)，void setcolor(int color)。

(4) 输出文本函数 void outtext(char *s)，void settextstyle (int font，int direction，char size)。

2. 绘制太极图

1) 问题描述

绘制如图 13.7 所示的太极图，并填充颜色。

图 13.7　绘制太极图

2) 设计要求

(1) 绘制图片，图片大小自定。

(2) 在图片中输出文本"This program show the Tai Chi picture"。

3) 知识要点

(1) 图形模式的使用。

(2) 画圆函数 void circle(int x,int y,int radius)。

(3) 填充函数 void setfillstyle(int pattern，int color)，void floodfill(int x，int y，COLORREF color)。

(4) 输出文本函数 void outtext(char *s)，void settextstyle (int font，int direction，char size)。

3. 图形时钟

1) 问题描述

设计一个带声音的图形时钟。

2) 设计要求

(1) 时钟带有时针、分针和秒针，表盘形状自定。

(2) 根据系统时间自动生成初始时间。

(3) 整点高声报时，整点前 5 s 低声报时，其他时间发出秒针转动滴答声。

3) 知识要点

(1) 所需头文件及所需变量如下：

```
#include <math.h>
#include <dos.h>
```

```
#include <graphics.h>
#define CENTERX 320    //表盘中心位置
#define CENTERY 175
#define CLICK 100    //滴答声频率
#define CLICKDELAY 30    //滴答声延时
#define HEBEEP 10000    //高声频率
#define LOWBEEP 500    //低声频率
#define BEEPDELAY 200    //报时声延时
```

(2) 发声函数原型如下：

```
void  声音名()
{
    sound(声音名);
    delay(CLICKDELAY);
    nosound();
}
```

(3) 表盘绘制函数原型如下：

```
void DrawClock(struct time *cutime)
{
    //画刻度
    //画时针
    //画分针
    //画秒针
}
```

(4) 系统时间检测语句为 gettime(&newtime)。

13.6　管理系统类

13.6.1　管理系统类题目概述

管理系统是指信息处理系统，一般指以计算机为基础的处理系统。管理系统由输入、输出、处理 3 部分组成，或者说由硬件(包括中央处理机、存储器、输入输出设备等)、系统软件(包括操作系统、实用程序、数据库管理系统等)、应用程序和数据库组成。一个信息处理系统是一个信息转换机构，有一组转换规则。系统根据输入内容和数据库内容决定输出内容，或根据输入内容修改数据库内容。系统必须能识别输入信息。对于以计算机为核心的信息处理系统，如果输入信息是数值数据，则系统可以直接接收，不需要任何转换；如果输入信息是非数值信息(包括图像、报告、文献、消息、语音和文字等)，则必须转换为数值数据后才能予以处理。对应于系统输出，则有一个相应的逆过程。

信息处理系统有各种不同的分类方法，可按系统的应用领域区分，如管理信息系统、机票预订系统、医院信息系统等；也可按系统的结构和处理方式区分，如批处理系统、随机处理系统、交互式处理系统、实时处理系统等。

一个管理系统应具备人机用户接口界面、数据存储及管理功能、数据处理功能等。设计一个功能完善的 C 语言管理系统，通常按照如下 3 个基本步骤进行：

(1) 根据系统设计要求，建立一个结构体类型，再定义该类型的数组变量，用该数组变量保存用户的输入数据。

(2) 实现用户界面的输入输出接口函数。

(3) 实现对该数组变量操作的排序、查找、插入等接口函数。

13.6.2 饭卡管理程序

1. 问题描述

饭卡是集体食堂刷卡取饭的工具，可以使用计算机来管理饭卡，以减轻食堂管理人员的压力。应用饭卡管理程序可以在饭卡界面主菜单中选择相应的管理功能，例如建立新饭卡、注销饭卡、续费饭卡等。

2. 设计要求

重复显示如图 13.8 所示的主菜单，在主菜单中任意选择一项，均实现其相应的功能。

请输入选择编号（0~7）

1、建立饭卡文件
2、买饭
3、续钱
4、添加新饭卡
5、注销旧饭卡
6、设置与解除挂失
7、遍历
0、退出系统

图 13.8 主菜单

(1) 在主菜单中选择 1：建立名为 card.dat 的文件，并在其中添加若干人的饭卡号、姓名、金额、挂失信息，要求饭卡号是唯一的。

(2) 在主菜单中选择 2：要求用户输入饭卡号、饭费，然后系统自动从该人的饭卡中减去饭钱并分别显示饭卡前后的金额。如果原来饭卡中的余额不足 5 元，则不能买饭，而且显示“余额不足，请续钱”。

(3) 在主菜单中选择 3：可以向饭卡进行充值操作，并显示续钱前和续钱后的金额。

(4) 在主菜单中选择 4：添加新饭卡，此时要求新饭卡卡号和已有的饭卡号不能重号。

(5) 主菜单中选择 5：注销旧饭卡。

(6) 在主菜单中选择 6：要求用户输入饭卡号和挂失信息，然后更新该饭卡的挂失信息。

(7) 在主菜单中选择 7：遍历，使用该功能查出饭卡的余额和查询个人的信息。

(8) 在主菜单中选择 0：显示结束信息“感谢使用本软件！已正常退出，按任意键结束”。

3. 知识要点

(1) main 函数：显示主菜单，通过输入数字 1～7 选择相应的功能。

(2) void create()函数：创建名为 card.dat 的饭卡文件，建立个人饭卡信息。

(3) void buy()函数：买饭，并在饭卡中扣除饭钱，如余额不足 5 元则显示"余额不足，请续钱"。

(4) void con()函数：续钱，输入续钱金额并在成功续钱后显示续钱前和续钱后的金额。

(5) void add()函数：添加新饭卡。

(6) void mov()函数：注销旧饭卡。

(7) void set()函数：更新饭卡的信息，包括挂失和解除挂失。

(8) void bianli()函数：访问饭卡文件的内容。

4. 参考函数原型或参考程序

数据结构提示如程序 13.5 所示。

1	struct card
2	{
3	double num;
4	int info;　//表示挂失信息，info=0 表示没有挂失，info=1 表示已经挂失
5	char name[20];
6	double money;
7	}student[100];
8	void creat();　//创建文件
9	void buy();　　//买饭
10	void con();　　//续钱
11	void add();　　//添加新饭卡
12	void mov();　　//注销旧饭卡
13	void set();　　//设置与解除挂失
14	void bianli(); //遍历
15	int i=0,info;
16	double num;
17	char name[20];
18	double money;
19	FILE *fp;

程序 13.5

在程序首部定义了一个名为 card 的结构体类型数据，其中的成员分别代表持有饭卡人员的基本信息项。在程序首部也定义了各项的全局变量，其中包括 int 类型的变量 i 和 info，分别代表人数和挂失信息(info=0 表示没有挂失，info=1 表示已经挂失)；double 类型的变量 num 和 money，分别表示饭卡号和饭卡金额；char 类型的数组变量 name[]，表示学生饭卡的名字；文件指针 *fp，用于对文件进行操作。

本程序共调用了 7 个函数，分别为 void creat()、void buy()、void con()、void add()、void mov()、void set()、void bianli()。

　　供参考的函数原型如程序 13.6～程序 13.13 所示。

/*函数 main 功能：主函数

　　完成人机操作画面的显示，并提示用户进行功能操作。

　　函数参数：无

　　函数返回值：无

*/

1	int choice;
2	do{
3	printf("..........................\n");
4	printf("　　　　　请输入选择编号(0--7)　　　　\n");
5	printf("..........................\n");
6	printf("　　　　1、建立饭卡文件　　　　　　\n");
7	printf("　　　　2、买饭　　　　　　　　　\n");
8	printf("　　　　3、续钱　　　　　　　　　\n");
9	printf("　　　　4、添加新饭卡　　　　　　\n");
10	printf("　　　　5、注销旧饭卡　　　　　　\n");
11	printf("　　　　6、设置与解除挂失　　　　\n");
12	printf("　　　　7、遍历　　　　　　　　　\n");
13	printf("　　　　0、退出系统　　　　　　　\n");
14	printf("..........................\n");
15	scanf("%d",&choice);
16	switch(choice)
17	{
18	case 0:printf("感谢使用本软件！已正常退出，按任意键结束\n");break;
19	case 1:creat();break;
20	case 2:buy();break;
21	case 3:con();break;
22	case 4:add();break;
23	case 5:mov();break;
24	case 6:set();break;
25	case 7:bianli();break;
26	default:exit(0);
27	}
28	}while(choice!=0);
29	return 0;

程序 13.6

/*函数　create 功能：子函数

创建名为 card.dat 的饭卡文件，首先将持有饭卡人员的各项信息读入已经定义好的数组 student[]中，再逐一写入创建好的文件中。

函数参数：　无

函数返回值：无

*/

1	printf("当输入的卡号为 0 时停止输入饭卡信息\n");
2	printf("请输入你的卡号，而且卡号不得超过 15 位数\n");
3	scanf("%lf",&num);
4	while(num!=0)
5	{
6	while(num>pow(10,15))
7	{
8	printf("你输入的卡号超过 15 位数!\n");
9	printf("请输入你的卡号，而且卡号不得超过 15 位数\n");
10	scanf("%lf",&num);
11	}
12	while(num<=0)
13	{
14	printf("输入的饭卡号不能为负数!\n");
15	printf("请输入你的卡号，而且卡号不得超过 15 位数\n");
16	scanf("%lf",&num);
17	}
18	student[i].num=num;
19	printf("请输入你的姓名\n");
20	scanf("%s",name);
21	strcpy(student[i].name,name);
22	printf("请输入你的饭卡钱\n");
23	scanf("%lf",&money);
24	while(money<0)
25	{
26	printf("输入的金额必须为正数!\n");
27	printf("请输入你的饭卡钱\n");
28	scanf("%lf",&money);
29	}
30	student[i].money=money;
31	printf("请输入你的挂失信息(0 表示没有挂失，1 表示已经挂失):\n");
32	scanf("%d",&info);
33	student[i].info=info;
34	fprintf(fp,"%.0f%s%.0f%d\n",student[i].num,student[i].name,student[i].money,student[i].info);

35	i++;
36	do
37	{
38	printf("请输入你的卡号\n");
39	scanf("%lf",&num);
40	for(k=0;k<i;k++)
41	if(student[k].num==num)
42	{
43	a=1;
44	printf("此号已经被注册了！请重新输入:\n");
45	break;
46	}
47	else
48	a=0;
49	}while(a==1);
50	}

程序 13.7

/*函数 buy 功能：子函数

　　此函数首先判断所输入的卡号是否存在或者卡号是否已冻结，若卡号不存在或冻结，则系统将退出；当卡号输入正确无误时，将对饭卡金额进行运算(其中也包括对饭卡金额是否充足的考虑)，最后将新数据重新读入文件中。

　　函数参数：　无

　　函数返回值：无

*/

1	if(i==0)
2	{
3	printf("请先建立饭卡文件!\n");
4	return;
5	}
6	do
7	{
8	printf("请输入你的卡号，而且卡号不得超过 15 位数:");
9	scanf("%lf",&num1);
10	while(num1>pow(10,15))
11	{
12	printf("你输入的卡号超过 15 位数!\n");
13	printf("请输入你的卡号，而且卡号不得超过 15 位数:");
14	scanf("%lf",&num1);

```
15              }
16          while(num1<0)
17            {
18                  printf("输入的饭卡号不能为负数!\n");
19                  printf("请输入你的卡号，而且卡号不得超过 15 位数:");
20                  scanf("%lf",&num1);
21            }
22          for(j=0;j<i;j++)
23              if(student[j].num==num1)
24                {
25                      flag=j;
26                      break;
27                }
28          if(flag==-1)    //查明是否有该卡
29            {
30                  count++;
31                  printf("找不到该卡！请重新输入你的卡号:\n");
32            }
33          if(count==5)
34            {
35                  printf("你输入的无效卡号已经达到 5 次，系统将自动返回主菜单!\n");
36                  return ;
37            }
38      }while(flag==-1);
39      if(student[flag].info==1)
40      {
41          printf("本卡已冻结。\n");
42          return;
43      }
44      else
45      {
46          if(student[flag].money<5)
47            {
48                  printf("余额不足，请续钱。\n");
49                  return;
50            }
51          else
52            {
53                  printf("请输入你的饭费:");
```

54	scanf("%lf",&mtemp);
55	}
56	while(mtemp<0)
57	{
58	printf("输入的金额必须为正数!\n");
59	printf("请输入你的饭费:");
60	scanf("%lf",&mtemp);
61	}
62	if(student[flag].money>mtemp)
63	{
64	printf("之前:%.2f money.\n",student[flag].money);
65	student[flag].money=student[flag].money-mtemp;
66	printf("之后:%.2f money.\n",student[flag].money);
67	for(k=0;k<i;k++)
68	fprintf(fp,"%.0f%s%.0f%d\n",student[k].num,student[k].name,student[k].money,student[k].info);
69	}
70	else
71	{
72	printf("余额不足，请续钱。\n");
73	return;
74	}
75	}

程序 13.8

/*函数 con 功能：子函数

此函数首先判断所输入的卡号是否存在或者卡号是否已冻结，若卡号不存在或冻结，则系统将退出；当卡号输入正确无误时，将对饭卡进行充值，并将新数据重新读入文件中。

函数参数： 无

函数返回值：无

*/

1	if(i==0)
2	{
3	printf("请先建立饭卡文件!\n");
4	return;
5	}
6	do
7	{
8	printf("请输入你的饭卡号，而且卡号不得超过 15 位数:");
9	scanf("%lf",&num2);

```
10          while(num2>pow(10,15))
11          {
12                  printf("你输入的卡号超过 15 位数!\n");
13                  printf("请输入你的饭卡号，而且卡号不得超过 15 位数:");
14                  scanf("%lf",&num2);
15          }
16          while(num2<0)
17          {
18                  printf("输入的饭卡号不能为负数!\n");
19                  printf("请输入你的饭卡号，而且卡号不得超过 15 位数:");
20                  scanf("%lf",&num2);
21          }
22          for(k=0;k<i;k++)
23              if(student[k].num==num2)
24              {
25                  flag=k;
26                  break;
27              }
28          if(flag==-1)   //查明是否有该卡
29          {
30              count++;
31              printf("找不到该卡！请重新输入你的卡号:\n");
32          }
33          if(count==5)
34          {
35                  printf("你输入的无效卡号已经达到 5 次，系统将自动返回主菜单!\n");
36                  return;
37          }
38  }while(flag==-1);
39  if(student[flag].info==0)
40  {
41      printf("请输入你的续钱额:");
42      scanf("%d",&conmoney);
43      while(conmoney<0)
44      {
45              printf("输入的金额必须为正数!\n");
46              printf("请输入你的续钱额:");
47              scanf("%d",&conmoney);
48      }
```

49	printf("之前:%.2f money.\n",student[flag].money);
50	student[flag].money=student[flag].money+conmoney;
51	printf("之后:%.2f money.\n",student[flag].money);
52	for(k=0;k<i;k++)
53	fprintf(fp,"%.0f%s%.0f%d\n",student[k].num,student[k].name,student[k].money,student[k].info);
54	}
55	else
56	printf("此卡已经冻结!\n");

程序 13.9

/*函数 add 功能：子函数

此函数是在已有的文件中添加新的饭卡信息。函数一开始要求判断数据库是否已满或者所添加的卡号是否已存在，当数据库未满或添加的卡号不存在，卡号成功注册时，程序将新数据重新读入文件中；否则，系统将退出。

函数参数： 无

函数返回值：无

*/

1	if(i==0)
2	{
3	printf("请先建立饭卡文件!\n");
4	return;
5	}
6	do
7	{
8	printf("请输入你的卡号，而且卡号不得超过 15 位数\n");
9	scanf("%lf",&num);
10	while(num>pow(10,15))
11	{
12	printf("你输入的卡号超过 15 位数!\n");
13	printf("请输入你的卡号，而且卡号不得超过 15 位数\n");
14	scanf("%lf",&num);
15	}
16	while(num<0)
17	{
18	printf("输入的饭卡号不能为负数!\n");
19	printf("请输入你的卡号，而且卡号不得超过 15 位数\n");
20	scanf("%lf",&num);
21	}
22	for(k=0;k<i;k++)

```
23              if(student[k].num==num)
24              {
25                      a=1;
26                      count++;
27                      printf("此号已经被注册了！请重新输入:\n");
28                      break;
29              }
30              else
31                      a=0;
32              if(count==5)
33              {
34                      printf("你输入的无效卡号已经达到 5 次，系统将自动返回主菜单!\n");
35              return;
36              }
37      }while(a==1);
38      student[i].num=num;
39      printf("请输入你的姓名\n");
40      scanf("%s",name);
41      strcpy(student[i].name,name);
42      printf("请输入你的饭卡钱\n");
43      scanf("%lf",&money);
44      while(money<0)
45      {
46          printf("输入的金额必须为正数!\n");
47          printf("请输入你的饭卡钱\n");
48          scanf("%lf",&money);
49      }
50      student[i].money=money;
51      printf("请输入你的挂失信息(0 表示没有挂失，1 表示已经挂失):\n");
52      scanf("%d",&info);
53      student[i].info=info;
54      for(k=0;k<i;k++)
55          fprintf(fp,"%.0f%s%.0f%d\n",student[k].num,student[k].name,student[k].money,student[k].info);
56      i++;
```

程序 13.10

/*函数 mov 功能：子函数

此函数的功能是删除某一用户的饭卡数据。函数一开始判断卡号是否存在，若卡号存在，程序将删除该饭卡相应的数据，并将新数据重新写入文件中；否则，系统将退出。

函数参数：　无

函数返回值：无

*/

```
1    if(i==0)
2    {
3        printf("请先建立饭卡文件!\n");
4        return;
5    }
6        do
7    {
8        printf("请输入你的卡号，而且卡号不得超过 15 位数\n");
9        scanf("%lf",&num3);
10       while(num>pow(10,15))
11       {
12           printf("你输入的卡号超过 15 位数!\n");
13           printf("请输入你的卡号，而且卡号不得超过 15 位数\n");
14           scanf("%lf",&num3);
15       }
16       while(num3<0)
17       {
18           printf("输入的饭卡号不能为负数!\n");
19           printf("请输入你的卡号，而且卡号不得超过 15 位数\n");
20           scanf("%lf",&num3);
21       }
22       for(j=0;j<i;j++)
23       {
24           if(student[j].num==num3)
25           {
26               i--;
27               flag=j;
28               break;
29           }
30       }
31       if(flag==-1)   //查明是否有该卡
32       {
33           count++;
34           printf("此卡不存在！请重新输入:\n");
35       }
36       if(count==5)
37       {
```

38	printf("你输入的卡号已经输入超过 5 次，系统将自动返回主菜单!\n");
39	return;
40	}
41	}while(flag==-1);
42	for(k=flag;k<i;k++)
43	student[k]=student[k+1];
44	for(k=0;k<i;k++)
45	fprintf(fp,"%.0f%s%.0f%d\n",student[k].num,student[k].name,student[k].money,student[k].info);

程序 13.11

/*函数 set 功能：子函数

此函数主要是将所要挂失的用户，把其数据中 info 挂失信息的值 0(未挂失或者解除挂失)改为 1(已挂失)。函数首先判断该饭卡是否存在，若存在，将对数据进行操作；否则，程序将退出系统。

函数参数：无

函数返回值：无

*/

1	if(i==0)
2	{
3	printf("请先建立饭卡文件!\n");
4	return;
5	}
6	do
7	{
8	printf("请输入你的饭卡号，而且卡号不得超过 15 位数:\n");
9	scanf("%lf",&num4);
10	while(num4>pow(10,15))
11	{
12	printf("你输入的卡号超过 15 位数!\n");
13	printf("请输入你的饭卡号，而且卡号不得超过 15 位数:\n");
14	scanf("%lf",&num4);
15	}
16	while(num4<0)
17	{
18	printf("输入的饭卡号不能为负数!\n");
19	printf("请输入你的饭卡号，而且卡号不得超过 15 位数:\n");
20	scanf("%lf",&num4);
21	}
22	for(m=0;m<i;m++)
23	if(student[m].num==num4)
24	{

25	flag=m;
26	break;
27	}
28	if(flag==-1) //查明是否有该卡
29	{
30	count++;
31	printf("找不到该卡！请重新输入:\n");
32	}
33	if(count==5)
34	{
35	printf("你输入的卡号已经输入超过 5 次，系统将自动返回主菜单!\n");
36	return;
37	}
38	}while(flag==-1);
39	printf("请输入你要修改的挂失信息(info=0 表示没有挂失，info=1 表示已经挂失):\n");
40	scanf("%d",&info1);
41	student[flag].info=info1;
42	for(k=0;k<i;k++)
43	fprintf(fp,"%.0f%s%.0f%d\n",student[k].num,student[k].name,student[k].money,student[k].info);

程序 13.12

/*函数 bianli 功能：子函数

此函数主要是输出某一饭卡的数据，再显示在屏幕上。

函数参数： 无

函数返回值：无

*/

1	if(i==0)
2	{
3	printf("请先建立饭卡文件!\n");
4	return;
5	}
6	for(l=0;l<i;l++)
7	{
8	fscanf(fp,"%lf%s%lf%d",&student[l].num,student[l].name,&student[l].money,&student[l].info);
9	if(student[l].num==0)
10	continue;
11	fprintf("%.0f%s%.0f%d\n",student[l].num,student[l].name,student[l].money,student[l].info);
12	}

程序 13.13

13.6.3　学生信息管理系统

1. 问题描述

学生信息包括学号、姓名、年龄、性别、出生年月、地址、电话、E-mail 等。试设计一学生信息管理系统，使之能提供以下功能。

(1) 系统以菜单方式工作。

(2) 学生信息录入功能(学生信息用文件保存) ——输入。

(3) 学生信息浏览功能——输出。

(4) 学生信息查询功能——算法，按学号查询和按姓名查询。

(5) 学生信息的删除与修改(可选项)。

(6) 运用数组实现。

2. 设计要求

(1) 创建自定义的结构体类型，类型名称为 message_student。

(2) 学生信息数据能保存到文件中进行永久保存。

(3) 不能限制学生数。

(4) 较好的用户输入输出提示信息。

3. 知识要点

(1) 结构体类型的使用。

(2) 使用数组保存数据。

(3) 使用 fopen、fscan、fread 和 fwrite 等函数进行二进制数据文件操作。

4. 参考函数原型或参考程序

数据结构提示如程序 13.14 所示。

```
1    #define LEN sizeof(struct message_student)   //一个结构体数组元素的长度
2    #define NUM_STUDENTS 40   //学生数目
3    typedef struct message_student   //结构体定义
4    {
5        char number[6];
6        char name[20];
7        int    age;
8        char sex[4];
9        int    year;
10       int    month;
11       char addr[64];
12       char telephone[11];
13       char mail[64];
14   }student[NUM_STUDENTS];
```

程序 13.14

typedef 在计算机编程语言中用来为复杂的声明定义简单的别名，与宏定义有些差异。它可以为现有类型创建同义字，定义易于记忆的类型名，还可以掩饰复合类型，如指针和数组。例如可以这样定义，就可使 Line 类型代表具有 81 个元素的字符数组：

typedef char Line[81];

Line   text,line;

getline(text);

供参考的函数原型如程序 13.15～程序 13.18 所示。

/*函数 main 功能：主函数

完成人机操作画面的显示，并提示用户进行功能操作。

函数参数：无

函数返回值：无

*/

1	int numstus;
2	int lens;
3	student *pointer;
4	int main()
5	{
6	int i=1;
7	welcome(); //欢迎界面
8	while(i>0)
9	{
10	i=menu_select(); //控制菜单
11	switch(i)
12	{
13	case 1:addrecord(pointer);break; //增加学生信息
14	case 2:findrecord(pointer);break; //查询学生信息
15	case 3:amendrecord(pointer);break; //修改学生信息
16	case 4:sort(pointer);break; //学生信息排序
17	case 5:statistic(pointer);break; //统计信息
18	case 6:openfile(pointer);break; //打开文件
19	case 7:writetotext(pointer);break; //保存文件
20	case 8:display(pointer,0,numstus-1);break; //显示记录
21	case 0:
22	if(numstus!=0) printf("是否保存当前记录?(y/n)");
23	gets(str);
24	if(str[0]=='y'||str[0]=='Y')
25	writetotext(pointer);
26	i=-1;break; //退出系统

27	default:printf("请输入数字 0~8:\n");i=1;　　//输入错误
28	}
29	}
30	printf("\t\t 欢迎再次使用本系统。\n\n");
31	display1();
32	return 0;
33	}

程序 13.15

/*函数 menu_select 功能：子函数
　　完成功能选择菜单。
　　函数参数：　无
　　函数返回值：功能号
*/

1	int menu_select()
2	{
3	char c;
4	printf("\n\n");
5	printf(" 1. 增加学生记录 5.统计信息 |\n");
6	printf(" 2. 查询学生记录 6.打开文件 |\n");
7	printf(" 3. 修改学生记录 7.保存文件 |\n");
8	printf(" 4. 学生记录排序 8.显示记录 |\n");
9	printf(" 0.退出系统 |\n");
10	printf("\n\n");
11	printf("请选择(0~8):");
12	c=getchar();
13	getchar();
14	return (c-'0');
15	}

程序 13.16

/*函数 addrecord 功能：子函数
　　输入学生信息并保存到数组中。
　　函数参数：　学生数组指针
　　函数返回值：无
*/
　　void addrecord(student stud[]){…}
/*函数 findrecord 功能：子函数
　　通过学生学号或名字查找学生，如果找到则显示学生信息。

函数参数： 学生数组指针

函数返回值：查询结果

*/

```
1   int findrecord(student stud[])
2   {
3       char str[2];
4       int i,num;
5       if(numstus==0)
6       {
7           printf("没有可被查找的记录\n");
8           return -1;
9       }
10      else
11      {
12          printf("以何种方式查找？\n1.学号\t2.姓名\t3.名次\n");
13          gets(str);
14          if(str[0]=='1') /*按学号查找*/
15          {
16              printf("请输入学号:");
17              gets(str);
18              for(i=0;i<=numstus;i++)
19                  if(strcmp(str,stud[i].number)==0)
20                  {
21                      display(stud,i,i);
22                      break;
23                  }
24                  else continue;
25          }
26          else if(str[0]=='2')   //按姓名查找
27          {
28              printf("请输入姓名:");
29              gets(str);
30              for(i=0;i<=numstus;i++)
31                  if(strcmp(str,stud[i].name)==0)
32                  {
33                      display(stud,i,i);
34                      break;
35                  }
```

36	else continue;
37	}
38	else if(str[0]=='3')　　//按名次查找
39	{
40	printf("请输入名次:");
41	scanf("%d",&num);
42	getchar();
43	for(i=0;i<=numstus;i++)
44	if(num==stud[i].index)
45	{
46	display(stud,i,i);
47	break;
48	}
49	else continue;
50	}
51	if(i>numstus)
52	{
53	printf("没有找到所要的信息。\n");
54	return −1;
55	}
56	return i;
57	}
58	}

程序 13.17

```
/*函数 amendrecord 功能：子函数
    修改学生信息。
    函数参数： 学生数组指针
    函数返回值：无
*/
    void amendrecord(student stud[]){…}


/*函数 statistic 功能：子函数
    输出统计信息。
    函数参数： 学生数组指针
    函数返回值：无
*/
    void statistic(student stud[]){…}
```

/*函数 sort 功能：子函数

　　学生信息排序。

　　函数参数： 学生数组指针

　　函数返回值：无

*/

　　void sort(student stud[]){…}

/*函数 openfile 功能：子函数

　　打开保存文件，并读取学生数据。

　　函数参数： 学生数组指针

　　函数返回值：无

*/

　　int openfile(student stu[]){…}

/*函数 writetotext 功能：子函数

　　将所有记录写入文件。

　　函数参数： 学生数组指针

　　函数返回值：写文件结果

*/

1	int writetotext(student stud[])
2	{
3	int i=0,j;
4	FILE *fp;
5	char filename[20];
6	printf("输入文件名称:");
7	gets(filename);
8	fp=fopen(filename,"w");
9	fprintf(fp,"%d\n",numstus);
10	while(i<numstus)
11	{
12	fprintf(fp,"%s %s %s ",stud[i].number,stud[i].name,stud[i].sex);
13	for(j=0;j<numsubs;j++)
14	fprintf(fp,"%f ",stud[i].subject[j]);
15	fprintf(fp,"%f %f %d ",stud[i].score,stud[i].average,stud[i].index);
16	i++;
17	}
18	fclose(fp);
19	printf("已成功存储!\n");

20	display(stud,0,numstus-1);
21	numstus=0;
22	return 0;
23	}

程序 13.18

/*函数 display 功能：子函数

　　输出指定范围的学生信息。

　　函数参数：　学生数组指针，开始序号，结束序号

　　函数返回值：无

*/

　　void display(student stud[],int n1,int n2){…}

13.6.4　医院门诊候诊管理软件

1. 问题描述

　　设计一个用于医院门诊候诊的管理软件,要求采用先来先就诊的排队方式(就诊顺序与挂号单编号无关)。假设挂号时编码是连续的,但由于同一个门诊科目有 3 个诊室,其中 35(含 35)岁以上的进第一诊室, 35 岁以下男患者进第二诊室,其他的进第三诊室,程序启动后显示菜单如图 13.9 所示。

```
1——挂号
2——叫号
3——分诊室
4——显示各诊室队列信息
5——统计当天就诊的患者情况(要求按性别进行统计和按任意年龄区段进行统计)
6——结束程序
```

图 13.9　门诊候诊软件主菜单

2. 设计要求

　　(1) 选 1 时,提示用户在一行内输入姓名及挂号单编号。

　　(2) 选 2 时,显示排在队列中第一位患者姓名、挂号单编号,并将其从挂号序列中删除。

　　(3) 选 3 时,进行诊室分配。

　　(4) 选 4 时,按队列顺序显示各诊室排队人的姓名、挂号单编号及所在诊室。

　　(5) 选 5 时,进行两种统计方法的选择,并进行必要的统计计算。

　　(6) 选 6 时,退出程序的运行。

　　(7) 要求(1)～(5)中每一个步骤完成后都能重新显示图 13.9 所示的选择菜单。

3. 知识要点

　　(1) 数据结构的声明及定义。

(2) 跳转语句的使用。

(3) 二维数组的使用。

阅读程序 13.19 并补充完成，显示运行结果。

```
1    #include <stdio.h>
2    #include <string.h>
3    struct patient
4    {
5        char name[20];
6        char sex[20];
7        int age;
8        int hao;
9        int room;
10   }man[20];    //可挂号 20 个病人，容量可任意更改
11   int main ()
12   {
13       int i,p;
14       int k=0;   //挂号
15       int t=0;   //显示排序
16       int m;
17       int x,y,z,q;    //q 男患者人数，x 年龄段人数，y、z 年龄区段
18       printf("*****************************\n\n    欢迎使用医院门诊候诊管理程序
19   \n\n*****************************\n");
20       while (p<6)
21       {
22           printf(" 1 -- 挂号\n 2 -- 叫号\n 3 -- 分诊室\n 4 -- 显示各诊室队列信息\n 5 -- 统计当天
23   就诊的患者情况\n 6 -- 结束程序\n");
24           printf("\n 请根据需要调查的医院情况，输入对应的选项序号…\n");
25           scanf("%d",&p);
26           switch(p)
27           {
28             case 1:
29             {
30                 printf("请输入姓名，性别，年龄，挂号单编号…\n"); //性别直接输入中文男或女*/
31                 scanf("%s %s %d %d",man[k].name,man[k].sex,&man[k].age,&man[k].hao);
32               k++;
33             }
34             case 2:
35             {
36                 请补充完成
```

37	}
38	case 3:
39	{
40	请补充完成
41	}
42	case 4:
43	{
44	printf("　第一诊室>>\n");
45	for(i=0;i<=k-1;i++)
46	if(man[i].room==1)
47	printf("姓名：%s 挂号单编号：%d\n",man[i].name,man[i].hao);
48	printf("\n 第二诊室>>\n");
49	for(i=0;i<=k-1;i++)
50	if(man[i].room==2)
51	printf("姓名：%s 挂号单编号：%d\n",man[i].name,man[i].hao);
52	printf("\n 第三诊室>>\n");
53	for(i=0;i<=k-1;i++)
54	if(man[i].room==3)
55	printf("姓名：%s 挂号单编号：%d\n",man[i].name,man[i].hao);
56	printf("\n");
57	}
58	case 5:
59	{
60	请补充完成
61	}
62	case 6:
63	break;
64	}
65	}
66	}

程序 13.19

13.6.5　图书管理系统

1. 问题描述

设计一个图书管理系统，能对图书信息(图书编号、书名、ISBN、出版社、作者、价格)进行查询(要求可以使用模糊查询和条件组合查询)、修改、增加、删除和存储等操作。

2. 设计要求

(1) 图书信息的每一条信息包括图书编号、书名、ISBN、出版社、作者、价格等。

(2) 输入功能：可以一次完成若干条信息的输入。

(3) 显示功能：完成信息的显示(一屏最多显示 10 条，超过 10 条应能够自动分屏显示)。

(4) 查找功能：可以按书名等多种方式查找图书管理系统中的信息，并支持模糊查询。

(5) 增加、删除、修改功能：完成图书管理系统的多种更新。

3. 知识要点(提示项目中可能用到的知识点，仅提示，无需展开)

(1) 通过软件流程图来分析软件实现过程。

(2) 数据结构的声明及定义。

(3) 数组的存储及遍历。

4. 实现程序

参考流程图 13.10 和提示完成程序。

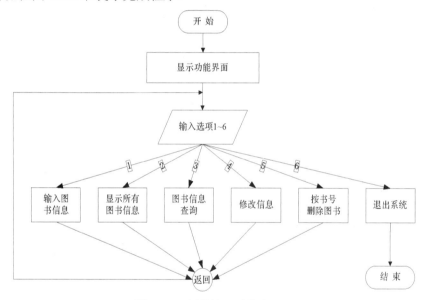

图 13.10 图书管理系统流程图

1) 登录界面

在主函数中显示系统功能界面如图 13.11 所示。

图 13.11 系统功能界面

2) 创建图书信息

在登录界面输入数字 1 后按提示输入相应信息，结果如图 13.12 所示。

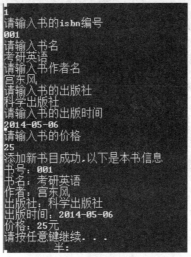

图 13.12　创建新书信息

3) 显示所有图书信息

在登录界面输入数字 2 后显示所有的图书信息，结果如图 13.13 所示。

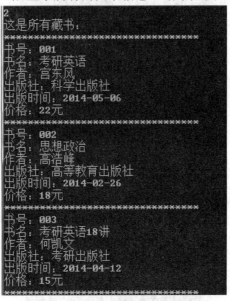

图 13.13　显示所有的图书信息

4) 按条件查询

在登录界面输入数字 3，输出相应选择的提示，如图 13.14 所示。同时，要设计 search_by_isbn()函数实现按书号查找功能，设计 search_by_name()函数实现按书名查找功能，设计 search_by_writer()函数实现按作者姓名查找功能。

(1) 按书号查询，查询书号为 001 的图书。

步骤一：在登录界面选择 3。

步骤二：回车后输入 1，然后输入 001，回车。查询结果如图 13.14 所示。

图 13.14　按 ISBN 查询

(2) 按书名查询，查询书名为思想政治这本书。

步骤一：在登录界面选择 3。

步骤二：回车后输入 2，然后输入思想政治，回车。查询结果如图 13.15 所示。

图 13.15　按书名查询

(3) 按作者名查询。

步骤一：在登录界面选择 3。

步骤二：回车后输入 3，然后输入高浩峰，回车。查询结果如图 13.16 所示。

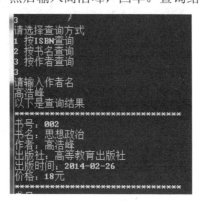

图 13.16　按作者查询

5) 修改图书信息

设计完成修改信息功能函数 mod_book()，支持在登录界面选择数字 4，然后调用 mod_book()，实现修改信息功能。

例如修改 002 号图书

步骤一：在登录界面输入"4"，回车

步骤二：按提示输入要修改的书号"002"，回车。

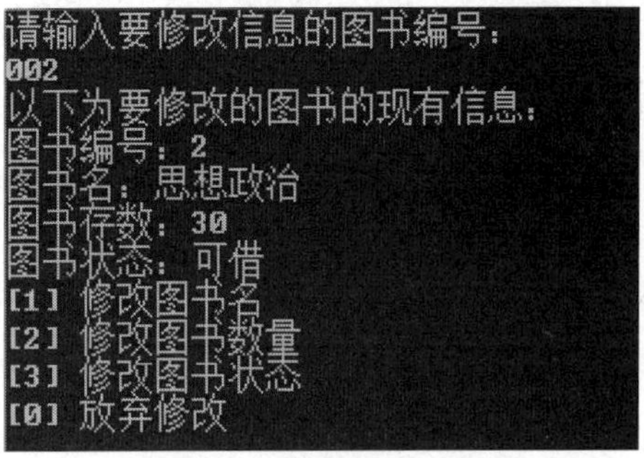

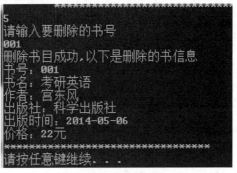

图 13.17

6) 按书号删除图书信息

在登录界面选择数字 5，调用删除函数 delete_by_isbn()函数，实现删除功能。例如删除 001 号图书，步骤如下。

步骤一：在登录界面输入 5，回车。

步骤二：按提示输入要删除的书号 001，回车。删除图书信息如图 13.18 所示。

图 13.18　删除图书信息

7) 退出图书管理系统

在登录界面选择数字 6。跳出 while 循环，执行 main 函数后续语句，把操作后的数据写入到文件中，最后输出相应的提示信息后退出系统，如图 13.19 所示。

图 13.19　退出图书管理系统

参 考 文 献

[1] 谭浩强. C 程序设计[M]. 4 版. 北京：清华大学出版社，2010.

[2] 陈兴无. C 语言程序设计项目化教程[M]. 武汉：华中科技大学出版社，2009.

[3] 罗建军，等. C++ 程序设计教程[M]. 2 版. 北京：高等教育出版社，2007.

[4] Decoder. C/C++ 程序设计[M]. 北京：中国铁道出版社，2002.

[5] 何钦铭，颜晖. C 语言程序设计[M]. 2 版. 北京：高等教育出版社，2012.